中等职业教育规划新教材

SHUKONG CHECHUANG BIANCHENG YU CAOZUO

数控车床编程与操作 下册

主　编　刘连宇
副主编　龚正伟　尚文婷　高朋辉
　　　　黄镇龙　刘　飞　张同友
　　　　刘　鑫

内容提要

本书分上、下两册，共9个模块，内容包括数控车床基本操作、槽加工、螺纹加工、轴类零件加工、套类零件加工、非圆曲线零件加工、综合实训、批量生产零件加工、自动编程等。

本书可作为数控专业和机械类相关专业的中等职业教材，也可作为相关专业从业人员的自学参考书。

图书在版编目（CIP）数据

数控车床编程与操作：全2册 / 刘连宇主编. —上海：上海交通大学出版社，2016
ISBN 978-7-313-15871-0

Ⅰ.①数… Ⅱ.①刘… Ⅲ.①数控机床—车床—程序设计—教材 ②数控机床—车床—操作—教材 Ⅳ.①TG519.1

中国版本图书馆CIP数据核字（2016）第227902号

数控车床编程与操作：全2册

主　　编：刘连宇
出版发行：上海交通大学出版社　　地　　址：上海市番禺路951号
邮政编码：200030　　电　　话：021-64071208
出 版 人：韩建民
印　　制：北京市通县华龙印刷厂　　经　　销：全国新华书店
开　　本：787mm×1092mm 1/16　　总 印 张：25.5
总 字 数：395千字
版　　次：2016年9月第1版　　印　　次：2016年9月第1次印刷
书　　号：ISBN 978-7-313-15871-0/TG
总 定 价：58.60元

前 言

随着数控加工技术的迅速发展和普及，企业对数控加工技能人才的知识和能力结构以及相应的职业教育和培训提出了更高、更新的要求，同时，以就业为导向的一体化教学模式改革也取得了进一步的发展。为适应这一新的形式以及推广课程改革成果，更好地满足中等职业技术数控加工专业教学的需要，在广泛调研的基础上，组织行业专家、职业教育研究人员及学校一线教师进行论证，开发了本教材。

本书在编写过程中重视模块的划分及典型任务的确定，突出项目教学，任务引领，学做并举的课程思想，与传统的编写模式相比，特色更加鲜明。

根据国家职业标准《数控车工》以及企业对数控加工人员的岗位需求，本教材内容以够用、实用为原则，紧贴企业工作岗位技能，加大了技能训练环节教学内容的编写力度。在编写过程中，对部分代表性数控加工类企业进行了深入调研，采用了工学结合模式下的工作过程系统化编写思路。书中的许多任务来自于企业产品，体现了校企合作的最新成果。

本书结合国内外先进教辅资料和教学经验，基于工作过程，以就业为导向，以典型工作任务为载体，从易到难，以完成“任务”所需的理论知识和实操技能为重点，以现场工作任务实施方法、内容和过程为主线，介绍数控车床的编程方法和工作任务实施过程，培养学生数控车床操作岗位的职业综合能力。同时，还特别添加了自动编程软件CAXA数控车的自动编程方法及专门针对FANUC系统的后处理。此外，本教材还添加了企业零件批量生产的加工方法及实例，将知识转化为岗位技能，提升学生的岗位适应能力。

本书分上、下册，共9个模块，内容包括数控车床基本操作、槽加工、螺纹加工、轴类零件加工、套类零件加工、非圆曲线零件加工、综合实训、批量生产零件加工、自动编程等。每个任务都以数控车床加工生产中的实际零件为载体，从实际生产过程中自主思考、相互探索学习并获得成就感，激发学生的求知欲望，逐步形成一个感知心智活动的良性循环，从而培养出独立探索、勇于开拓进取的自学能力，也培养了学生的沟通能力、学习能力、创新能力和协作能力等综合素质。

本书内容丰富，涉及面广，注重实践，且通俗易懂，实用性强，适合数控专业数控车方向应用型技能人才使用，也可作为数控专业和机械类相关专业的中等职业教材，还可以作为相关专业从业人员的自学参考书。

本书在编写过程中得到了贵州电子信息高级技工学校有关领导和行业、企业一线专家的大力支持与帮助，在此向他们表示衷心的感谢。

由于作者水平有限，书中存在的疏漏和错误之处，欢迎广大读者提出宝贵意见。若有问题，可以通过电子邮件 sjzgsc2015@sina.com 与编者联系。

(1) 夹右端 4～5 个齿，约 60 mm，粗车左端端面和外圆，留出 0.2 mm 的精加工余量。

(2) 换刀精加工左端外圆，尺寸到达 ϕ19.90 mm（螺纹大经）、ϕ22 mm、*R*2、*C*2、20 mm、5 mm 到图纸要求

(3) 掉头、用薄铜皮包左端，装夹左端，找正装夹。

(4) 粗加工右端面、外圆、留出 0.2 mm 的精车余量。

(5) 换刀精车右端，达到图纸尺寸和形位公差要求（精车时，在刀具上加油石，可以去毛刺）。

(6) 使用游标卡尺（GB/T 21389—2008）、千分尺（GB/T 1216—2004）检查工件的各个尺寸，以保证达到加工的要求。

温馨提示

加工左端时，由于有螺纹，如果先加工，而后加工右端的时，装夹左端会损坏螺纹，并且螺纹 M20×1，比较小，可以直接使用板牙加工就可以（如果需要加工比较大的螺纹，可以在加工完右端的时候，使用铜皮包着，使用三角卡盘装夹。）

4. 刀具及工、量具的选择

(1) 刀具的选择。

刀具选择：由于有斜面，为了使刀具与工件的斜面在走刀加工的过程中，不产生干涉或是过切，因此需要计算斜面的斜度，为刀具角度的选择提供可靠依据。

Z 轴方向上单边尺寸差：(36－26) /2＝5 mm。

X 轴方向上尺寸差：70－46＝24 mm。

单边斜度为：arctan5/24＝11.768°（见图 6.1.2）。

刀偏角：90°－11.768°＝78.232°。

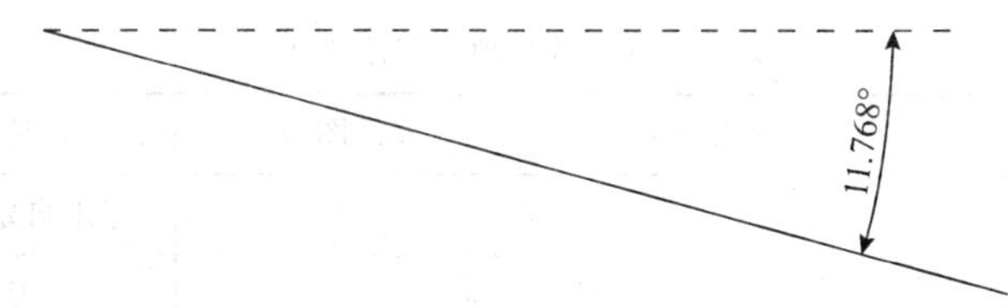

图 6.1.2　斜面斜度

为了防止在加工过程中产生过切，在加工右端的时候刀具的角度必须小于 78.232°，因此在 3 号与 4 号刀架上安装偏角为 75°外圆菱形合金刀。刀具具体选择如下：90°外圆偏刀、93°外圆偏、75°外圆偏刀，75°外圆偏刀。

(2) 工、量具的选择。0～150 mm，精度 0.02 mm 的游标卡尺，钢直尺，M20×1 螺纹量规一套。

5. 切削用量的选择

车削用量：考虑车削时参考车削用量表以及经验值，使用的车削用量：

粗加工使用：主轴转速 1 000 r/min，进给量 f=100 mm/min。

精加工使用：主轴转速 2 000 r/min，进给量 f=50 mm/min，

留给精车的余量为 0.1～0.5 mm，考虑精车刀具有 R0.2 的圆弧倒角，为了避免车削 ϕ20 mm 到 ϕ26 mm 之间的阶梯时出现过切或未切并且参考车削用量表、经验值以及刀具刀尖圆弧半径大小，X 轴向、Z 轴向均取 0.2 mm 的精车余量；同时由于右端面（即带椭圆弧端）采用 G73 循环指令，并且粗车分 5 次车削，因此 U 值的确定：

U 值设定＝实际尺寸－第一刀切入量－精车余量

实际尺寸＝（最大回转直径－最小回转直径）/2＝（36－26）/2＝5 mm

第一刀切入量＝实际尺寸/分割刀数＝5/5＝1 mm

精车余量＝0.2 mm

因此，U 值的确定＝5－1－0.2＝3.8 mm。

6. 机床与机床系统的选择

根据工件的形状及加工要求，选用 CK6140 数控车床（前置刀架）进行简单阶梯轴类零件的加工，数控系统选用 FANUC-0i 系统。

1. 数控加工工序卡的编制

（1）数控加工工序卡（见表 6.1.1～表 6.1.3）。

表 6.1.1　数控加工工序卡 1

数控加工工序卡		产品名称		零件图号	夹具名称		工序号
					三爪自定心卡盘		01
工步号	工步内容	切削用量			刀具		备注
		主轴转速 n/（r/min）	进给速度 f/（mm/r）	背吃刀量 a_p/mm	编号	名称	
1	三爪卡盘夹持右端 4～5个齿，约 60 mm	—	—	—	—	—	
2	粗车左端面、外圆、圆弧	800	0.15	1.0	T01	90°外圆偏刀	
3	精车左端面、外圆、圆弧	1 200	0.05		T02	93°外圆偏刀	

（续表）

数控加工工序卡		产品名称	零件图号		夹具名称		工序号
					三爪自定心卡盘		01
工步号	工步内容	切削用量			刀具		备注
		主轴转速 n/（r/min）	进给速度 f/（mm/r）	背吃刀量 a_p/mm	编号	名称	
编制		审核		批准		共　页	第　页

表 6.1.2　数控加工工序卡 2

数控加工工序卡		产品名称	零件图号		夹具名称		工序号
					三爪自定心卡盘		02
工步号	工步内容	切削用量			刀具		备注
		主轴转速 n/（r/min）	进给速度 f/（mm/r）	背吃刀量 a_p/mm	编号	名称	
1	掉头、用薄铜皮包左端，装夹左端，找正装夹。	—	—	—	—	—	
2	粗车右端面、椭圆、斜面、R 连接面、外圆	800	0.15	1.0	T03	75°外圆偏刀	
3	精车右端面、椭圆、斜面、R 连接面、外圆	1 200	0.05		T04	75°外圆偏刀	
编制		审核		批准		共　页	第　页

表 6.1.3　数控加工工序卡 3

数控加工工序卡		产品名称			零件图号		夹具名称		工序号
工步号	工步内容						三爪自定心卡盘		03
		切削用量					刀具		备注
		主轴转速 $n/$（r/min）	进给速度 $f/$（mm/r）		背吃刀量 a_p/mm		编号	名称	
1	板牙加工螺纹	手动匀速进给						M20×1 的板牙	
编制		审核			批准			共　页	第　页

（2）数控加工刀具卡（见表 6.1.4）。

表 6.1.4　数控加工刀具卡

序号	刀具名称	刀具清单				共 1 页　第 1 页
		刀具规格				备　　注
		刀柄规格	代号	刀片规格	刀尖半径	
1	90°外圆偏刀	25×25	T0101	涂层	0.5	粗车端面、外圆
2	93°外圆偏刀	25×25	T0202	硬质合金	0.2	精车左端
3	75°外圆偏刀	25×25	T0303		0.5	粗车右端、椭圆弧、斜面、外圆
4	75°外圆偏刀	25×25	T0404		0.2	精车右端、椭圆弧、斜面、外圆

2. 加工程序的编制

加工程序清单如表 6.1.5～表 6.1.7 所示。

表 6.1.5　左端加工程序清单

序　号	01	零件图号	6.1.1	编程原点	0，0
程序号	O0001	数控系统	FANUC-0i	编　制	工件左端加工程序
程　　序			说　　明		
N10 G54 G90 G40 G100.0 Z100.0；			程序初始化、并用 G54 建立工件坐标系		
N20 M03 S800；			主轴正转，转速为 800 r/min		

（续表）

序　号	01	零件图号	6.1.1	编程原点	0，0
程序号	O0001	数控系统	FANUC-0i	编　制	工件左端加工程序
程　序			说　明		
N30 T0101；			调用 1 号刀具、并建立刀补		
N40 M08；			切削液开启		
N50 G00 X50.0 Z2.0；			刀具快速定位到 X50Z2 的位置		
N60 G71 U1.0 R0.5；			G71 固定循环，粗车每次单边车削 1 mm，退刀 0.5 mm		
N70 G71 P80 Q170 U0.2 W0.2 F0.1；			N70～N150 为轮廓加工，*X* 轴精加工余量为 0.2 mm、*Z* 轴为 0.2 mm，进给量为 0.1 mm/r		
N80 G01 Z0；			工进起点		
N90 X0；			车削端面		
N100 X15.8；			退刀		
N110 X19.8 Z−2.0；			加工 *C*2		
N120 Z−20.0；			加工 ϕ20 mm 的外圆		
N130 X22.0；			加工阶梯		
N140 G41 G03 X26.0 W−2.0 R2.0；			添加左刀补、加工 *R*2		
N150 G01 X28.0；			*X* 向退刀		
N160 M09；			车削液关闭		
N170 G40 G00 X50.0；			X 向退刀至 X50 mm 处		
N180 X100.0 Z100.0；			退刀到 X100Z100，为精加工换刀前准备		
N190 M03 S1200 F0.05；			主轴正转 2 000 r/min，进给率为 0.05 mm/r		
N200 T0202；			调用 2 号刀具，建立刀补		
N210 G70 P80 Q170；			精加工 N70～N150 的轮廓		
N220 M05；			主轴停转		
N230 M30；			加工结束、程序返回程序头		

表 6.1.6　右端加工程序清单

序　号	02	零件图号	6.1.1	编程原点	0，0
程序号	O0002	数控系统	FANUC-0i	编　制	工件右端加工程序
程　序			说　明		
N10 G54 G90 G40 G00 X100.0 Z100.0；			程序初始化、并用 G54 建立工件坐标系		
N20 M03 S800 F0.15；			主轴正转 800 r/min，进给率为 0.150 mm/r		

（续表）

序　号	01	零件图号	6.1.1	编程原点	0，0
程序号	O0001	数控系统	FANUC 0i	编　制	工件左端加工程序
程　　序			说　　明		
N30 T0303；			调用3号刀具，并尽量刀补		
N40 M08；			车削液开启		
N50 G00 X50.0 Z2.0；			工进轮廓起始点		
N60 G73 U3.8 W1.0 R5.0；			G73固定循环，粗车每次单边车削1 mm，车削5次		
N70 G73 P80 Q160 U0.2 W0.2 F0.1；			N70—N150为轮廓加工，*X*轴精加工余量为0.2 mm、*Z*轴为0.2 mm		
N80 G41 G01 Z0.0；			端面加工		
N90 X0.0；			刀具到达工进坐标系原点		
N100 G65 P8001 A18.0 B0.0 C35.0 D−46.0 K0.1；			调用宏程序O8001加工椭圆弧面、椭圆长半轴为：*C*=35 mm、*X*轴起始坐标为*B*=0、短半轴*A*=18 mm、*X*轴终点坐标为*D*=−46 mm、步距为*K*=0.1 mm		
N110 G01 X26.96 Z−68.33；			加工斜面		
N120 G02 X26.0 W−3.36 R20.0；			加工*R*20的圆弧		
N130 G01 Z−90.0；			加工*ϕ*26 mm的外圆		
N140 X42.0；			退刀		
N150 M09；			车削液关闭		
N160 G40 G00 X100.0 Z100.0；			取消刀补，退刀刀X100Z100处，为精加工换刀做准备		
N170 T0404；			调用4号刀具，使用4号刀补		
N180 M03 S1200 F0.05；			主轴正转，1 200 r/mim		
N190 G70 P80 Q170；			精加工轮廓N70～N160		
N200 M05；			主轴停转		
N210 M30；			加工完毕，程序返回程序头		

表6.1.7　O8001椭圆宏程序

序　号	03	零件图号	6.1.1	编程原点	0，0
程序号	O0081	数控系统	FANUC 0i	编　制	椭圆宏程序
程　　序			说　　明		
N10#4=2*#1SQRT[1−#2*#2/[#3*#3]]；			以#2为变量的参数		
G01X#4Z#2；			加工椭圆		

（续表）

序　号	02	零件图号	6.1.1	编程原点	0，0
程序号	O0002	数控系统	FANUC 0i	编　制	工件右端加工程序
程　序			说　明		
#2－#5；			步进加工		
IF [#2GE#6] GOTO 10；			循环条件		
M99；			返回主程序		

注：①详细赋值情况说明如表 6.1.8 所示。

②椭圆手柄宏程序编程加工循环流程如图 6.1.3 所示。

表 6.1.8　宏程序赋值说明表

变　量	赋值说明
#1	椭圆长轴
#2	椭圆短轴
#3	*Z* 轴自变量
#4	*X* 轴的随变量
#5	步距
#6	*Z* 轴加工椭圆加工的终点

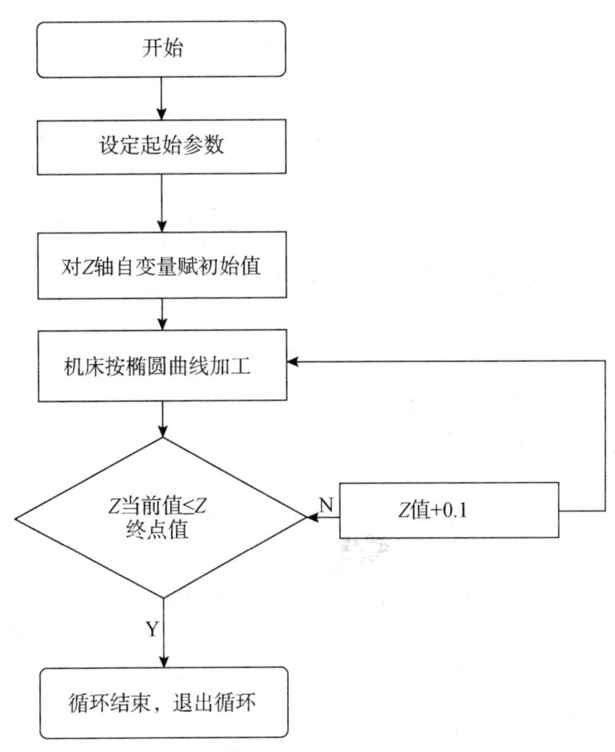

图 6.1.3　宏程序循环流程

3. 数控加工

（1）检查毛坯料尺寸。

（2）使用钢直尺测量毛坯件尺寸，要求尺寸为 ϕ40 mm×115 mm，上下偏差尺寸为±0.5 mm。

（3）开机。

（4）返回参考点。

（5）装夹工件。

（6）安装刀具。

（7）对刀。

（8）程序输入与程序调试。

（9）试运行。

（10）自动加工及尺寸控制。

（11）去除毛刺。

（12）质量检验。

（13）后续工作。

1. 检验内容分析

本任务零件质量检验包括：外圆直径的测量；端面和台阶的测量；圆角的测量。

2. 测量工具

游标卡尺、钢直尺、M20×1 螺纹通规、止规一套。

3. 零件质量检验表

零件尺寸检查内容如表 6.1.9 所示。

表 6.1.9 零件尺寸检查内容

序号	配分	自检要素				检测 允许=±0.03		备 注	
		直径/长度/Ra	基本尺寸	上偏差	下偏差	直径/长度/Ra	实测值	测量工具	评分标准
1	1	ϕ	20	0.21	0	ϕ			
2	1	ϕ	26	0	−0.05	ϕ			
3	1	M	20×1			M			

（续表）

序号	配分	自检要素				检测　允许＝±0.03		备　注	
		直径/长度/Ra	基本尺寸	上偏差	下偏差	直径/长度/Ra	实测值	测量工具	评分标准
1	1	L	5	0	－0.05	L			
2	1	L	20	0	－0.15	L			
总计分数		5			总得分数				

4. 任务评价

任务评价如表 6.1.10 所示。

表 6.1.10　任务评价

序号	任务目标	相关内容	相关要求	学生自评	教师评价	实训效果
1	掌握对椭圆零件进行数控车削加工工艺分析并制定工艺规程	分析零件图样技术要求和制定加工工艺方案案例	能看懂零件图，学会设计加工工艺			
2	掌握选择椭圆类零件数控车削加工所用刀具材料及刀具几何参数的合理选择	刀具的认知与刀具的选择方法	能正确合理的选择刀具			
3	能正确合理的确定椭圆表面零件加工切削用量	切削用量三要素的选择及金属切削工艺手册的使用	能根据手册或者实际加工经验合理确定切削用量的选择			
4	掌握椭圆表面的数控车削加工程序的编制及加工操作	数控车床宏程序编程的基本概念及零件加工程序的编写	了解编写程序书写的方法与各代码书写格式；能书写简单的椭圆零件宏程序			
		刀位数据处理	能正确计算各刀位点的坐标值			

（续表）

序号	任务目标	相关内容	相关要求	学生自评	教师评价	实训效果
5	掌握程序校正及加工应用	程序校正及加工检查	掌握正确的校正方法和操作，能判断等程序的正确性			
6	能对椭圆表面进行质量评估并能初步分析超差原因	专用测量仪	掌握椭圆表面尺寸的正确测量方法及误差分析			
7	工量具摆放、机床维护与保养	5S管理	掌握工量具正确、合理的摆放；掌握机床使用后的维护与保养			
8	安全操作	数控车床安全操作规程	养成良好的安全的操作习惯			
9	数车加工熟练度	椭圆表面程序编制与车床操作	在规定时间内完成加工任务			

1. 用户宏程序

FANUC数控系统提供两种用户宏程序，即用户宏程序功能A和用宏程序功能B。用户宏程序功能A是FANUC数控系统的标准配置功能，任何配置的FANUC数控系统都具备这个功能。用户宏程序功能B是用户宏程序功能A的升级，虽然不是FANUC数控系统的标准配置功能，但是绝大部分的FANUC数控系统也都支持宏程序功能B；同时变量的转移与循环是宏程序编程的关键，而变量的使用则为循环提供的条件。

1）变量

(1) 变量表示。相对计算机而言，计算机可以直接使用变量，而数控系统中的宏程序不能直接使用，变量需要使用变量符号“#”加上后面的变量号指定，如#1。

在数控系统中，变量分三种类型：局部变量、公共变量和系统变量（见表6.1.11）。

表 6.1.11　变量类型

变量号	变量类型	功　　能
＃0	空变量	该变量总是空的，没有值能赋给该变量
＃1—＃33	局部变量	局部变量只能用于在宏程序中存储数据，例如运算结果
＃100—＃199 ＃500—＃999	公共变量	公共变量在不同的宏程序中意义是相同
＃1000—＃9999	系统变量	系统变量用于读与写 CNC 各种数据，例如刀具补偿等

①局部变量：在局部变量中，当断电时，局变量被初始化为空，调用宏程序时，自变量对局部变量赋值。

例： B 宏程序中，＃10＝20X＃10，不表示 X20。

断电后清空，调用宏程序时代入变量值。

②公共变量：断电时变量＃100－＃199 初始化为空，变量＃500—＃999 的数据保存，即使断电也不会丢失数据。

例： 上例中＃10 改用＃100 时，B 宏程序中的 X＃100 表示 X20。

＃100～＃149 断电后清空。

③系统变量：固定用途的变量，其值取决于系统的状态。

例： ＃2001 值为 1 号刀补 X 轴补偿值。

＃5221 值为 X 轴 G54 工件原点偏置值。

输入时必须输入小数点，小数点省略时单位为 μm。

(2) 自变量的指定。在宏程序中，有两种不同的指定形式，第一种自变量指定 I 使用除了 G、L、O、N、P 之外的字母（见表 6.1.12），每个字母指定一次；第二种自变量指定Ⅱ使用 A、B、C 和、I_i、J_i、K_i（i 为 1～10）（见表 6.1.13），根据使用字母自动决定自变量指定的类型。

表 6.1.12　自变量指定 I

地　址	变量号	地　址	变量号	地　址	变量号
A	＃1	I	＃4	T	＃20
B	＃2	J	＃5	U	＃21
C	＃3	K	＃6	V	＃22
D	＃7	M	＃13	W	＃23
E	＃8	Q	＃17	X	＃24
F	＃9	R	＃18	Y	＃25
H	＃11	S	＃19	Z	＃26

使用自变量 I 时必须考虑以下两点：

①不需要指定的地址可以省略，对应于省略地址的局部变量为空。

②地址不需要按字母顺序指定，但是应符合字母地址的格式，I、J、K 这三个需要按字母的顺序指定。

说明：

• 变量的表示和使用。

变量表示：#I（I=1，2，3，…）或# [＜式子＞]。

例：#5，#109，#501，# [#1+#2−12]。

变量的使用：地址字后面指定变量号或公式。

格式：＜地址字＞#I

　　　＜地址字＞−#I

　　　＜地址字＞ [＜式子＞]

例：F#103，设#103=15 则为 F15。

　　Z−#110，设#110=250 则为 Z−250。

　　X [#24+#18*COS [#1]]。

• 变量号可用变量代替。

例：# [#30]，设#30=3 则为#3

• 变量不能使用地址 O，N，I。

例：下述方法下允许：

　　O#1；

　　I#26.00×100.0；

　　N#3Z200.0；

• 变量号所对应的变量，对每个地址来说，都有具体数值范围。

例：#30=1100 时，则 M#30 是不允许的。

• #0 为空变量，没有定义变量值的变量也是空变量。

表 6.1.13　自变量指定Ⅱ

地址	变量号	地址	变量号	地址	变量号
A	#1	K3	#12	J7	#23
B	#2	I4	#13	K7	#24
C	#3	J4	#14	I8	#25
I1	#4	K4	#15	J8	#26
J1	#5	I5	#16	K8	#27
K1	#6	J5	#17	I9	#28
I2	#7	K5	#18	J9	#29
J2	#8	I6	#19	K9	#30
K2	#9	J6	#20	I10	#31
I3	#10	K6	#21	J10	#32
J3	#11	I7	#22	K10	#33

使用自变量指定Ⅱ时，需要注意的是：

①自变量指定格式Ⅱ使用前，任何自变量前必须指定 G65。

②自变量指定Ⅰ、Ⅱ混合使用，CNC 内部系统会自动识别自变量Ⅰ和自变量Ⅱ，当混合使用时，系统会默认自变量指定Ⅱ格式。

③不带小数点的自变量，其数据为各地址的最小设定单位，传递不带小数的自变量，其值会根据机床实际的系统配置变化。在宏程序调用中，使用小数点可使程序兼容性更好。

2）算术与逻辑运算

(1) 算术运算。在 FANUC 数控系统中，一般的编程都是只能使用数值加工无法使用函数运算。宏程序中，一般都不适用数值，使用函数方程式运算（见表 6.1.14）。

表 6.1.14　FANUC 数控算术运算

<table>
<tr><th colspan="2">功　能</th><th>格　式</th><th rowspan="2">备　注</th></tr>
<tr><td colspan="2">定义、置换</td><td>#i=#j</td></tr>
<tr><td rowspan="17">算术运算</td><td>加法</td><td>#i=#j+#k</td><td rowspan="4"></td></tr>
<tr><td>减法</td><td>#i=#j−#k</td></tr>
<tr><td>乘法</td><td>#i=#j*#k</td></tr>
<tr><td>除法</td><td>#i=#j/#k</td></tr>
<tr><td>正弦</td><td>#i=SIN [#j]</td><td rowspan="6">三角函数以及反三角函数的数值均要转换为小数；例如 90.30=90.5°</td></tr>
<tr><td>反正弦</td><td>#i=ASIN [#j]</td></tr>
<tr><td>余弦</td><td>#i=COS [#j]</td></tr>
<tr><td>反余弦</td><td>#i=ACOS [#j]</td></tr>
<tr><td>正切</td><td>#i=TAN [#j]</td></tr>
<tr><td>反正切</td><td>#i=ATAN [#j] / [#k]</td></tr>
<tr><td>平方根</td><td>#i=SQRT [#j]</td><td rowspan="7"></td></tr>
<tr><td>绝对值</td><td>#i=ABS [#j]</td></tr>
<tr><td>舍入</td><td>#i=ROUND [#j]</td></tr>
<tr><td>指数对数</td><td>#i=EXP [#j]</td></tr>
<tr><td>（自然）对数</td><td>#i=LN [#j]</td></tr>
<tr><td>上取整</td><td>#i=FIX [#j]</td></tr>
<tr><td>下取整</td><td>#i=FUP [#j]</td></tr>
</table>

说明：

①角度单位为度。

例： 90 度 30 分为 90.5 度。

②ATAN 函数后的两个边长要用“1”隔开。

例： ＃1=ATAN［1］/［−1］时，＃1 为 35.0

③ROUND 用于语句中的地址，按各地址的最小设定单位进行四舍五入。

例： 设＃1=1.2345，＃2=2.3456，设定单位 1μm。

G91X−＃1；X−1.235

X−＃2F300；X−2.346

X［＃1+＃2］；X3.580

未返回原处，应改为

X［ROUND［＃1］+ROUND［＃2］］；

④取整后的绝对值比原值大为上取整，反之为下取整。

例： 设＃1=1.2，＃2=−1.2 时，

若＃3=FUP［＃1］时，则＃3=2.0；

若＃3=FIX［＃1］时，则＃3=1.0；

若＃3=FUP［＃2］时，则＃3=−2.0；

若＃3=FIX［＃2］时，则＃3=−1.0。

⑤指令函数时，可只写开头 2 个字母。

例： ROUND→RO；FIX→FI。

（2）混合运算的运算顺序。函数与函数之间的运算，如数学中运算一样，有运算优先级，其顺序与数学中的定义一样，优先级顺序从高到低依次如图 6.1.4 所示。

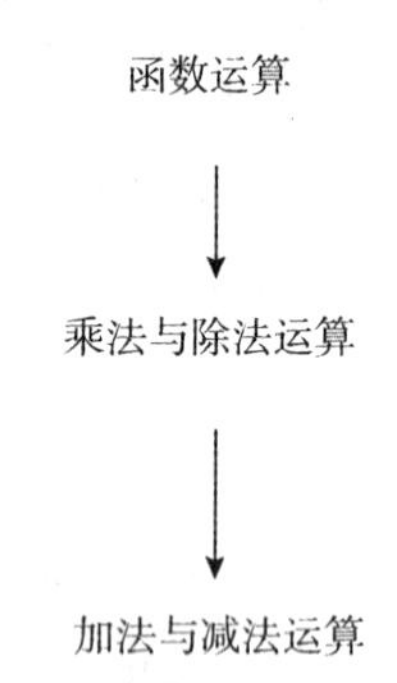

图 6.1.4　计算优先级流程图

（3）括号嵌套。在数控宏程序编程中，对于程序中出现多层运算的时候，可以使用“［　］”进行改变运算的顺序，最里面层的”［　］”优先运算。括号内最多可以嵌套 5 个“［　］”。

3）转移与循环

在计算机 C 语言中，可以使用 IF 语句和 WHILE 语句改变程序的运行方向（见表 6.1.15）。宏程序中，使用 GOTO 语句和 IF 语句改变程序的流向，FANUC 数控系统提供了三种转移与循环。

表 6.1.15　转移与循环表

转移与循环	GOTO 语句	无条件转移
	IF 语句	条件转移
	WHILE	当…时循环

运算符如表 6.1.16 所示。

表 6.1.16　运算符

运算符	含　　义	运算符	含　　义
EQ	等于（=）	GE	大于或等于（≥）
NE	不等于（≠）	LT	小于（<）
GT	大于（>）	LE	小于或等于（≤）

（1）无条件转移及条件转移。

①无条件转移：GOTO n。

格式：GOTO 1。

GOTO＃10。

②条件转移：IF［条件表达式］　GOTO n。

n 是顺序号，为 1～9999 的数值。

当运用无条件转移时，只要执行到该含 GOTO 的程序段后，程序就会调用到 n 程序段，执行相关的程序（一般很少使用到无条件转移）。采用条件转移，则需要条件表达式进行比较，条件表达式包含有两个变量以及用于比较的运算符，当条件满足时，即可跳到 GOTO 所指定的程序段执行程序。图 6.1.5 为条件转移流程。

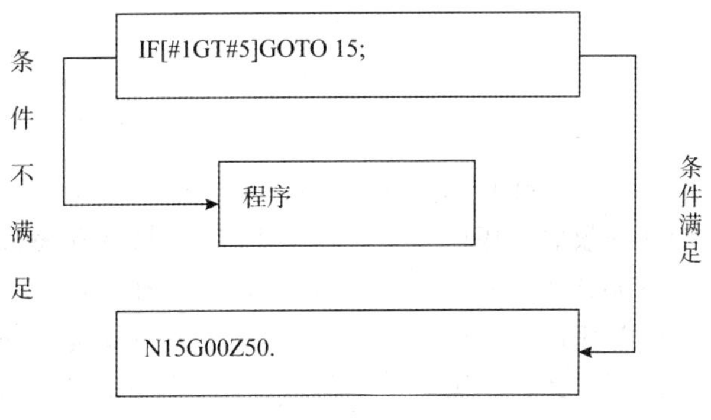

图 6.1.5　条件转移流程

条件表达式：

＃jEQ＃k 表示＝；

＃jNE＃k 表示≠；

＃jGT＃k 表示＞；

＃jLT＃k 表示＜；

＃jGE＃k 表示≥；

＃jLE＃k 表示≤。

例 1：IF ［＃1GT10］ GOTO100。

…

N100G00691X10。

例 2：求 1 到 10 之和 O9500

＃1＝0；	存储和数变量的初值
＃2＝0；	被加数变量的初值
N1 IF ［＃2GT10］ GOTO2；	当被加数大于 10 时转移到 N2
＃1＝＃1＋＃2；	计算和数
＃2＝＃2＋＃1；	下一个被加数
GOTO1；	转移到 N1
N2 M30；	程序结束

（2）循环。在宏程序中，为了得到程序的简洁、精悍的效果，因此有些程序需要循环使用，这就使需要使用循环语句进行循环，在宏程序中，除了使用转移格式可以达到循环的效果以外，数控系统还提供 WHLIE 语句执行循环（见图 6.1.6）。

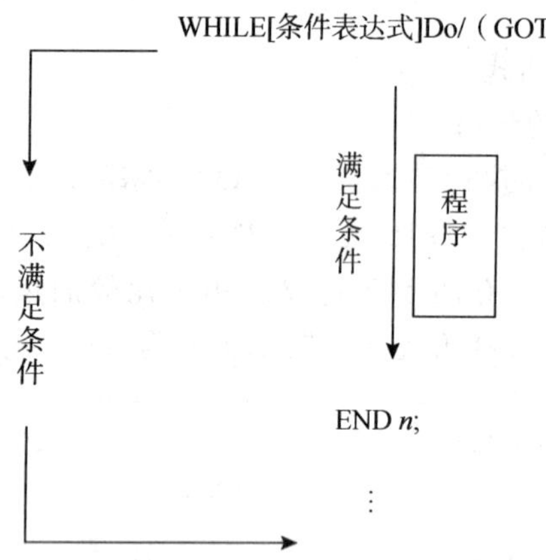

图 6.1.6　WHILE ［・・・］ ・・・DO 循环流程

顺序号 n 为 1～9999 的数值，WHILW 循环与 IF 转移执行程序很相似，不同之处是：其一，使用 IF・・・GOTO n；语句是当条件不满足的时候，继续执行程序，满足条件则跳出转移；而 WHILE・・・DO/（GOTO）n；语句则是当条件满足之时，执行程序，不满足则跳出循环。其二，IF・・・GOTO n；语句不能嵌套使用，仅仅能使用一次；而 WHILE・・・DO/（GOTO）n；语句在内部循环中可以嵌套使用，其嵌套可以是：

①多次使用 WHILE ［・・・］ DO 循环（见图 6.1.7）。

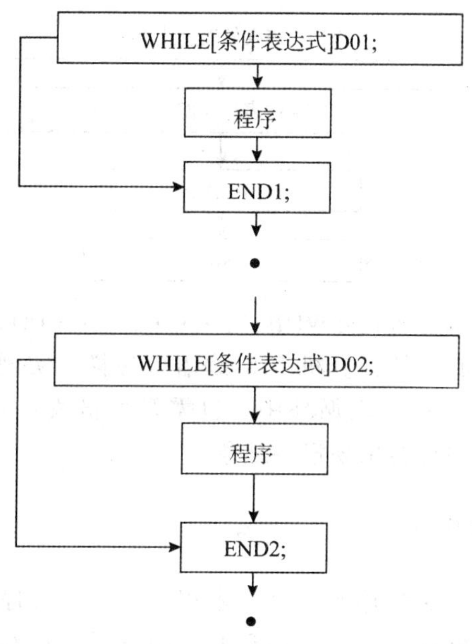

图 6.1.7　WHILE [・・・] ・・・DO 多次循环流程

②WHILE [・・・] DO 循环 3 次嵌套（见图 6.1.8）。

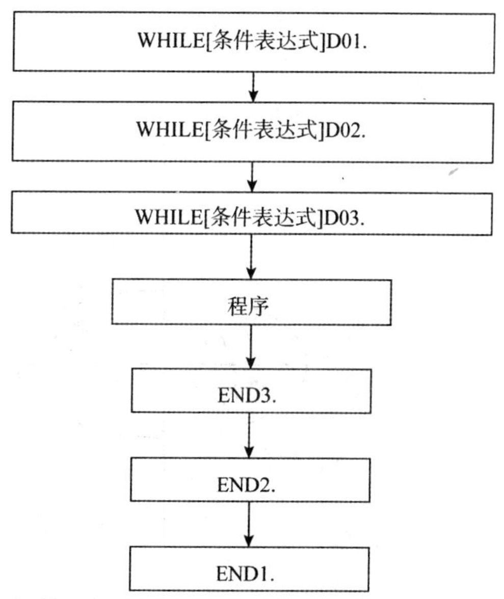

图 6.1.8　WHILE [・・・] ・・・DO 多次嵌套循环流程

③条件转移可以跳出循环（见图 6.1.9）。

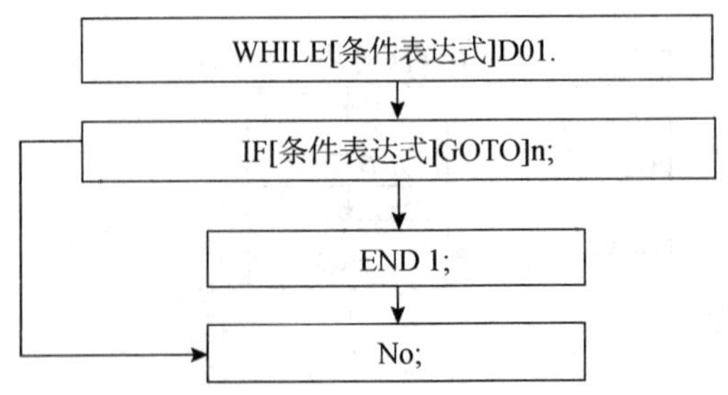

图 6.1.9　IF 条件跳出 WHILE［・・・］・・・DO 循环流程

在多次嵌套循环中，必须如计算机 C 汇编语言一样，实现 WHILE［・・・］DO 语句的成对出现。在条件转移跳出循环中，也需要严格执行其格式，不能颠倒顺序，否则无法执行程序循环，并且会出现报警现象。

2. 椭圆类零件的宏程序编制

椭圆在车床的车削需要宏程序来实现。宏程序与普通程序相比较，普通程序的程序字为常量，一个程序只能描述一个几何形状，缺乏灵活性和适用性。而在用户宏程序的本体中，可以使用变量进行编程，还可以用宏指令对这些变量进行赋值、运算等处理。以下以 FANUC-0i MATE TD 数控系统为例简述椭圆零件在数控车床上的加工。

1）椭圆曲线及其方程

椭圆曲线如图 6.1.10 所示。

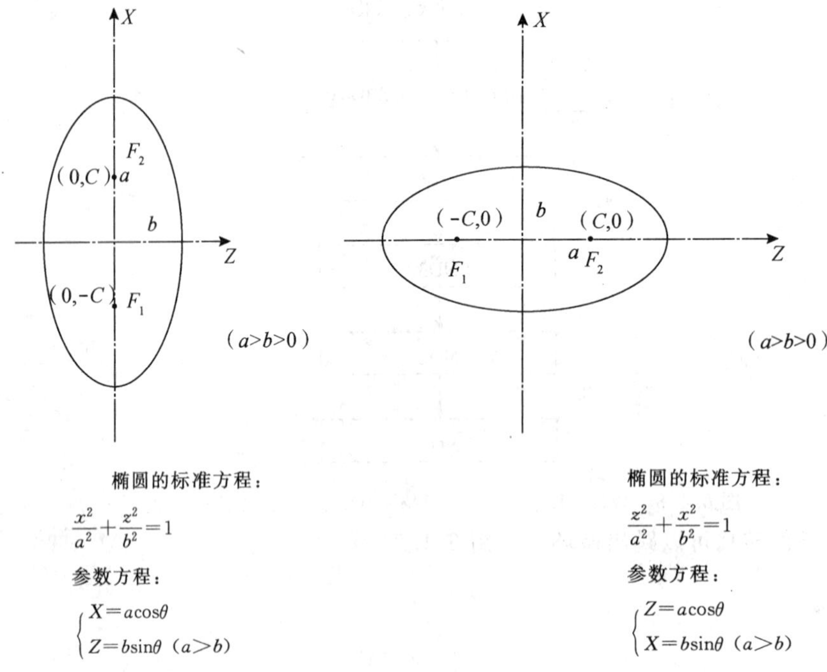

图 6.1.10　椭圆曲线

2）椭圆宏程序结构流程

椭圆宏程序结构流程如图 6.1.11 所示。

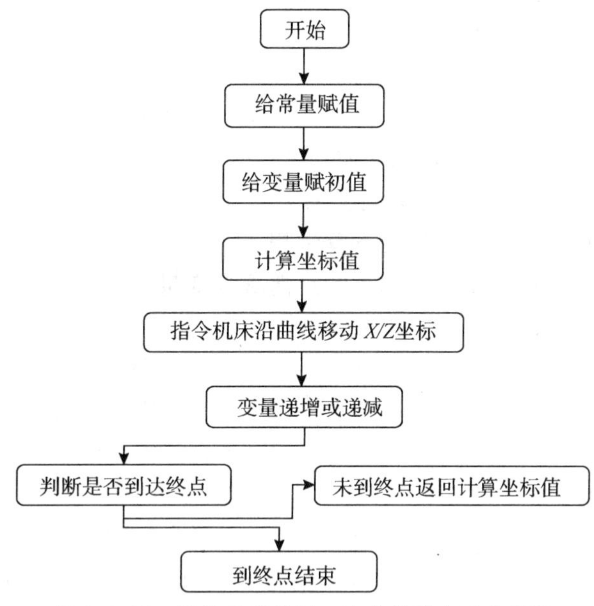

图 6.1.11　数控车床非圆二次曲线的走刀宏程序

3）椭圆编程方法

（1）椭圆的编程（IF..GOTO..）。椭圆在数控车床上应用较为广泛的宏程序编制方法为椭圆方程的编程方法。而椭圆方程有椭圆参数方程及椭圆标准方程两种。

①凸椭圆。

• 椭圆参数方程编程椭圆参数方程 $\begin{cases} X=a\cos\alpha \\ Z=b\sin\alpha \end{cases}$，其中 a、b 分别为 X、Z 所对应的椭圆半轴。

以图 6.1.12 为例，对其进行参数编程：

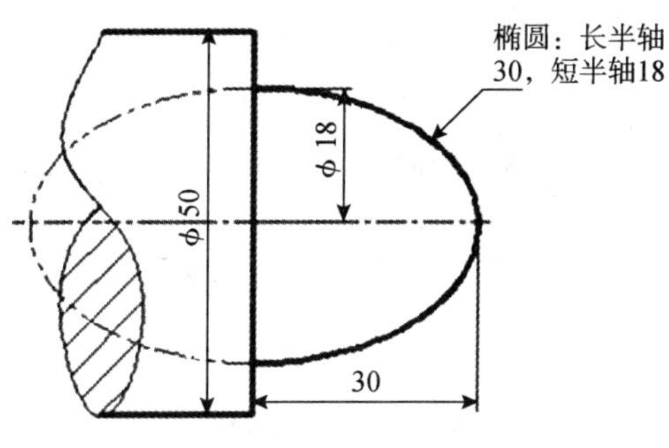

图 6.1.12　椭圆结构 1

＃1＝0	椭圆开始角度
N10＃1＝＃1＋0.1	Z 向每次进给量
＃2＝36＊SIN［＃1］	X 向角度变量

```
#3=30*COS[#1]          Z向角度变量
G64G1 X#2 Z#3          XZ判定
IF[#1GT#2]GOTO10       条件判断及跳转
```

• 椭圆标准方程：$\frac{X^2}{a^2}+\frac{Z^2}{b^2}=1$

由上式可得：

$$X=a\times\sqrt{1}-Z\times Z\sqrt{b}\times b$$

其中，a、b 分别为 X、Z 所对应的椭圆半轴。

以图 6.1.13 为例，对其进行标准方程编程。

```
#1=30    椭圆中心相对于椭圆起点的距离（自变量）
N10#2=18*SQRT[1-#1*#1/900]    X在椭圆中心的半径坐标值（应变量）
#3=2*#2                       X直径值
#1=#1-0.1                     Z向每次进给量
#4=#1-30                      Z在工件坐标系中的位置
G64G1X#3 Z#4                  XZ判定
IF[#4GT-30]GOTO10             条件判断及跳转
```

在 FANUC 系统中采用#作为变量，一般应用#1～#100 作为赋值。上述为凸椭圆的编程方法。图 6.1.14 为椭圆图坐标图。

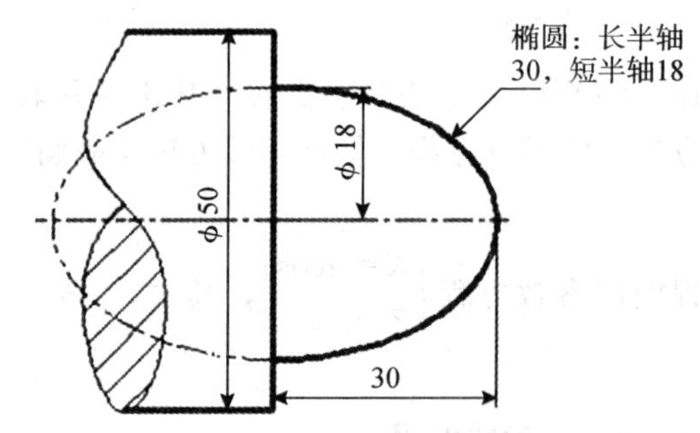

图 6.1.13　椭圆结构 2

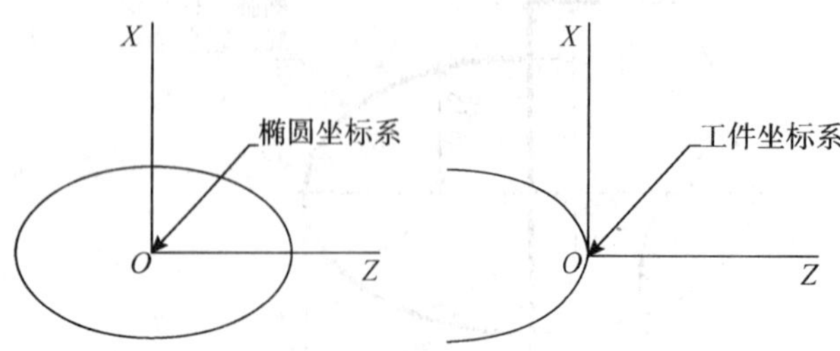

图 6.1.14　椭圆坐标

②凹椭圆。掌握了凸椭圆的编程方法，凹椭圆的编程方法也就迎刃而解了。思路是一样的，只需对 X 坐标值进行修改。以图 6.1.15 为例：

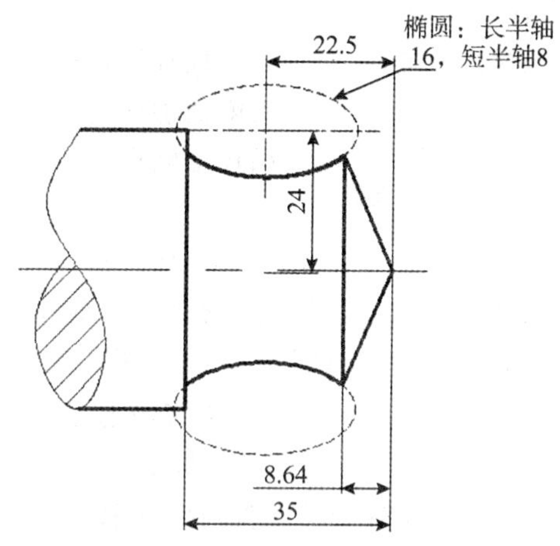

图 6.1.15　凹椭圆结构

```
#1=13.86                          椭圆中心相对于椭圆起点的距离
N10#2=8*SQRT[1-#1*#1/16X16]
#3=2*#2-48                        凹椭圆 X 应变量
#1=#1-0.1                         每次进给量
#4=#1-22.5                        工件坐标系中 Z 的起点
G64G1X#3 Z#4
IF [#4GT-35] GOTO10               条件判定及跳转
```

G64 为连续路径车削指令，因为椭圆方程宏程序采用直线逼近方法，是由无数条直线组成椭圆的轮廓，所以需要 G64 连续路径车削指令，使切削更加连贯。

上述为椭圆方程编制椭圆程序的两种方法，也就是编制椭圆程序的两种思路。但椭圆位置一般不会相对太固定，所以在实际编制中对各个数值的计算都须细心。

(2) 椭圆的编程（WHILE..DO..）（见图 6.1.16）。

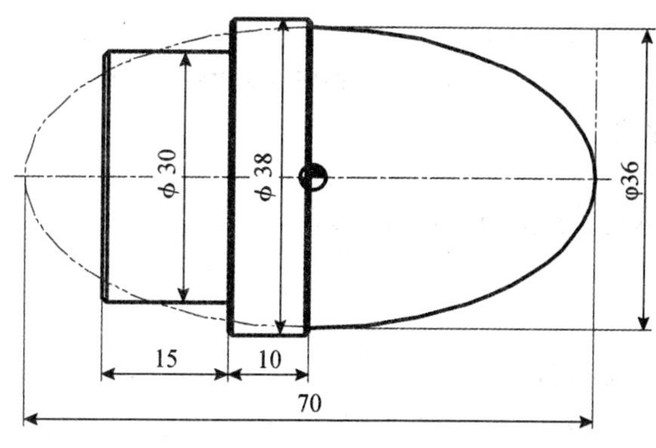

图 6.1.16　椭圆编程

①参数方程。

```
#1=0;                             角度赋初值
WHILE [#1LE90] DO1;               若 θ 值小于等于 90°时执行循环 1
N1 #2=35.*COS[#1];                计算 X 坐标值
```

```
#3=18. * SIN [#1];                    计算 Z 坐标值
G01X [2 * #2] Z [#3] F0.08;           直线插补逼近椭圆曲线
#1=#1+0.5;                            角度值加增量
END1;                                 循环 1 结束
```

②标准方程。

```
#1=35.0;                              Z 赋初值
WHILE [#1GE0] DO1;                    若 Z 值大于等于 0 时执行循环 1
N1 #2=18 * SQRT [1- [#1 * #1] / [35 * 35]];
                                      计算 X 坐标值
#3=#1;                                Z 坐标值
G01X [2 * #2] Z [#3] F0.08;           直线插补逼近椭圆曲线
#1=#1-0.2;                            Z 坐标值加增量
END1;                                 循环 1 结束
```

4）编程实例

编制如图 6.1.17 所示椭圆部分的程序。

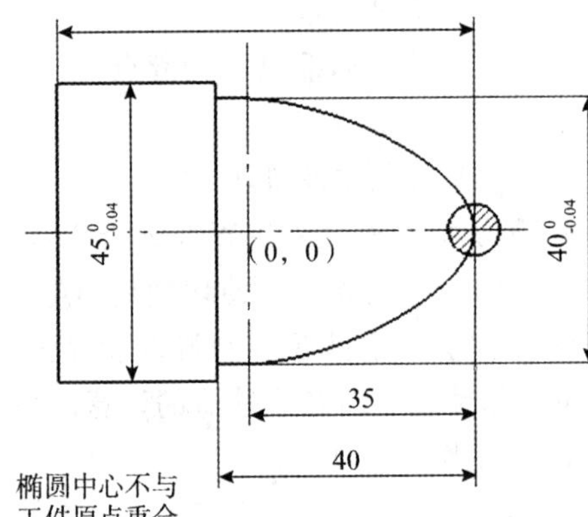

方程：

$$\frac{X^2}{20^2}+\frac{Z^2}{35^2}=1$$

以Z做自变量，X做变量则：

$$X=\frac{20\sqrt{35^2-Z^2}}{35}$$

以X做自变量，Z做变量则：

$$Z=\frac{35\sqrt{20^2-X^2}}{20}$$

图 6.1.17　椭圆编程实例

（1）用 IF 语句编程。

```
O0001;
G0 G40 G99 G97S500 M03 T0101 F0.2;
X0 Z2.0;
#1=35.0;
N10 IF [#1LT0] GOTO20;
#2=20 * SQRT [35 * 35- #1 * #1] /35;
G01 X [2 * #2] Z [#1-35.0];      (Z=- [35-#1] = [#1-35.0])
#1=#1-0.2;
GOT010;
N20 G01 X40.0 Z-40.0;
X45.0;
```

```
Z－65.0；
X51.0；
G00 X200.0 Z200.0 M05；
M30；
```

（2）用 WHILE 语句编程。WHILE 语句与 IF 语句相反，当条件成立时则执行循环程序内容。

```
O0002；
G00 G40 G99 G97 S500 M03 T0101 F0.2；
X0.Z2.0；
#1=35.0；
WHILE [#1GE0] DO1；
#2=20 * SQRT [35 * 35－#1 * #1] /35；
G01X [2 * #2] Z [#1－35.0]；(Z=－ [35－#1] = [#1－35.0])
#1=#1－0.2；
END1；
G01 X40.0 Z－40.0；
X45.0；
Z－65.0；
X51.0；
G00 X200.0 Z200.0 M05；
M30；
```

以上两种方法所编程序只可完成单次走刀精加工，通过刀具改变磨耗值来实现多次走刀的粗加工及精加工。但此方法要跳刀多次，较为麻烦，影响加工效率。

（3）用循环加工指令（G71，G73，G70）编程。在华中系统中应用 G71，G73 都可以进行宏编程的嵌套；在 FANUC 系统用 G73 进行嵌套。

```
O0003；
N1；
G00 G40 G99 G97 S500 M03 T0101 F0.2；
X52.0 Z2.0；
G73 U25 R10；
G73 P10 Q11 U0.5 W0.05；
N10 G00 G42 X0；
G01 Z0.；
#1=35.0；
WHILE [#1 GE0] DO1；
·
·
·
```

```
N11 G40 X51.0;
G00 X200.0 Z200.0 M05;
N2;
G00 G40 G99 G97 S500 M03 T0101 F0.08;
X52.0 Z2.0;
G70 P10 Q11;
G00 X200.0 Z200.0 M05;
M30;
```

拓展练习

现要加工如图 6.1.18 所示产品件，零件材料为 45 钢，毛坯尺寸：ϕ45 mm×63 mm，单件生产。小组协作进行图样分析、制定加工方案、编制工艺卡片、编制刀具卡片、编制工量具卡片、编写加工程序、程序校验、试加工、零件质量检测。

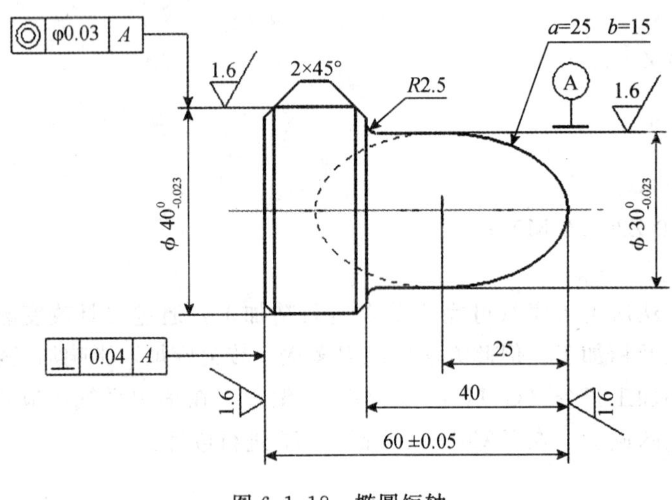

图 6.1.18　椭圆短轴

任务 6.2　抛物线类零件的编程与加工

任务目标

1. 知识目标

（1）掌握宏程序及变量的概念。

（2）掌握 B 类宏程序的变量及使用方法。

(3) 掌握数控编程中的抛物线的数学处理。
(4) 掌握抛物线的加工原理。

2. 能力目标

(1) 能正确分析椭圆类零件的工艺性。
(2) 会使用宏程序进行简单抛物线工件加工程序的编制。
(3) 掌握数控加工的操作步骤。
(4) 会制定抛物线类零件的加工方案的制定。
(5) 能正确对加工工件的质量进行检验。

任务描述

1. 零件图样

零件图样如图 6.2.1 所示。

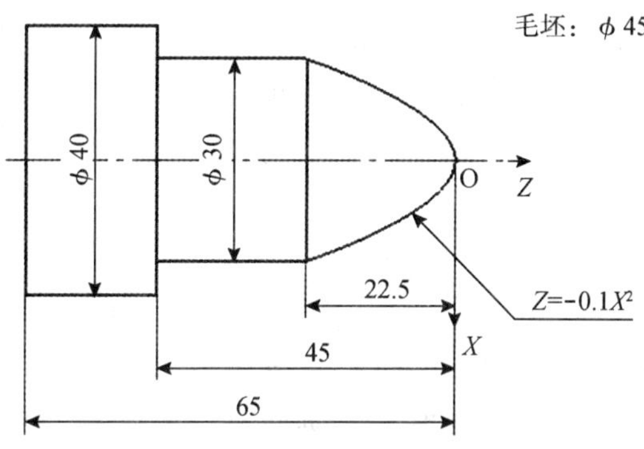

图 6.2.1　抛物线类零件

2. 工作条件

(1) 生产纲领：单件。
(2) 毛坯：材料为 45 钢，ϕ45 mm×68 mm。
(3) 作业时间：40 min。

3. 工作要求

(1) 工件经加工后，各尺寸符合图样要求。
(2) 工件经加工后，几何公差符合图样要求。
(3) 工件经加工后，表面粗糙度符合图样要求。
(4) 正确执行安全技术操作规程。
(5) 按企业有关文明生产规定，做到保持工作场地整洁，工件、工具摆放整齐。

任务分析

1. 图样分析

根据图 6.2.1 可知，此零件组成要素为 ϕ40 mm、ϕ30 mm 外圆及曲线方程为 $Z=-0.1X^2$ 的抛物线。零件尺寸长度为 65 mm。无特殊公差及粗糙度要求，尺寸精度按未注公差处理。

2. 工件的装夹与定位

此零件选择毛坯外圆作为粗基准，用已加工过的外圆表面作为精基准，这样可使加工基准和测量基准一致。

3. 加工方案确定

（1）用三爪自定心卡盘夹住左端毛坯外圆，并平端面；车削右端外轮廓至尺寸处。

（2）掉头夹住 ϕ30 mm 外圆，ϕ30 mm 与 ϕ40 mm 外圆之间的端面与卡爪右端边界保持 5mm 左右的间距；车左端面，取总长 65mm 至尺寸；车削 ϕ40 mm 外圆至尺寸。

（3）检验入库。

4. 刀具及工、量具的选择

（1）刀具的选择。根据刀具库配备情况，选用整体式或者机夹式车刀，端面车刀和切槽刀刀片选用硬质合金材料，外圆车刀和镗孔车刀刀片选用涂层硬质合金材料。刀具具体选择如下：95°外圆车刀一把、35°外圆车刀一把、铜皮一段。

（2）工、量具的选择。

钢直尺（0～300 mm）：测量毛坯尺寸及毛坯伸出长度。

游标卡尺（0～150 mm，0.02 mm）：测量外圆的尺寸。

外径千分尺（25～50 mm）：测量外圆的尺寸。

铜皮一段：防止已加工表面刮花或损伤。

5. 切削用量的选择

根据被加工表面质量要求、刀具材料和工件材料，参考切削用量手册或有关资料选取切削速度与每转进给量，然后利用公式 $v_c=\pi dn/1\,000$ 和 $v_f=n_f$，计算主轴转速与进给速度。

（1）主轴转速（n）的确定。采用硬质合金刀具材料切削钢件时，切削速度取值 80～220 m/min，根据公式 $n=1\,000\nu/\pi D$ 以及加工经验，结合实际情况，确定该工件粗加工时主轴转速在 400～1 000 r/min 范围内取值，精加工的主轴转速在 800～2 000 r/min

范围内取值。

（2）进给速度（f）的确定。粗加工时，为提高生产效率，在保证加工质量的前提条件下，选择较高的进给速度，一般取 0.1～0.3 mm/r。

精加工时，进给速度一般取粗加工进给速度的一半。

（3）背吃刀量（a_p）的确定。背吃刀量的选择因粗、精加工而有所不同。粗加工时，在工艺系统刚性和机床功率允许的情况下，尽可能取较大的背吃刀量，以减少进给次数；精加工时，为保证零件表面粗糙度要求，背吃刀量一般取 0.1～0.4 mm 较为合适。

6. 机床与机床系统的选择

根据工件的形状及加工要求，选用 CK6140 数控车床（前置刀架）进行简单套类零件的加工，数控系统选用 FANUC-0i 系统。

1. 数控加工工序卡的编制

（1）数控加工工序卡（见表 6.2.1～表 6.2.2）。

表 6.2.1　数控加工工序卡

<table>
<tr><td colspan="2">数控加工工序卡</td><td colspan="2">产品名称</td><td>零件图号</td><td colspan="2">夹具名称</td><td>工序号</td></tr>
<tr><td rowspan="3">工步号</td><td rowspan="3">工步内容</td><td colspan="2">套 1</td><td>6.2.1</td><td colspan="2">三爪自定心卡盘</td><td>01</td></tr>
<tr><td colspan="3">切削用量</td><td colspan="2">刀具</td><td rowspan="2">备注</td></tr>
<tr><td>主轴转速
n/（r/min）</td><td>进给速度
f/（mm/r）</td><td>背吃刀量
a_p/mm</td><td>编号</td><td>名称</td></tr>
<tr><td>1</td><td>三爪卡盘夹持左端毛坯外圆</td><td>—</td><td>—</td><td>—</td><td>—</td><td>—</td><td></td></tr>
<tr><td>2</td><td>手动车右端面</td><td>700</td><td>—</td><td>—</td><td>T01</td><td>95°外圆车刀</td><td>Z 向对刀</td></tr>
<tr><td>3</td><td>粗车右端外轮廓，留加工余量 0.5 mm</td><td>700</td><td>0.15</td><td>1.0</td><td>T01</td><td></td><td></td></tr>
<tr><td>4</td><td>精车右端外轮廓达尺寸要求</td><td>1 200</td><td>0.1</td><td>0.5</td><td>T02</td><td>93°外圆车刀</td><td></td></tr>
<tr><td></td><td></td><td></td><td></td><td></td><td></td><td></td><td></td></tr>
<tr><td></td><td></td><td></td><td></td><td></td><td></td><td></td><td></td></tr>
<tr><td>编制</td><td></td><td>审核</td><td></td><td>批准</td><td></td><td>共　页</td><td>第　页</td></tr>
</table>

表 6.2.2　数控加工工序卡

数控加工工序卡		产品名称		零件图号		夹具名称		工序号
		套 1		6.2.1		三爪自定心卡盘		01
工步号	工步内容	切削用量			刀具		备注	
		主轴转速 $n/$（r/min）	进给速度 $f/$（mm/r）	背吃刀量 a_p/mm	编号	名称		
1	调头夹 ϕ30 mm 外圆，外轮廓用铜皮包裹，找正并夹紧	—	—	—				
2	手动车左端面，保证总长	700	—	—	T01	95°外圆车刀		
3	粗车 ϕ40 mm 外圆，留加工余量 0.5 mm	800	0.15	1	T01			
4	精车 ϕ40 mm 外圆至尺寸	1200	0.1	1	T02	93°外圆车刀		
编制		审核		批准		共　页	第　页	

（2）数控加工刀具卡（见表 6.2.3）。

表 6.2.3　数控加工刀具卡

序号	刀具名称	刀具清单				共 1 页　第 1 页
		刀具规格				备注
		刀柄规格	代号	刀片规格	刀尖半径	
1	95°外圆车刀	25×25	T0101	涂层硬质合金	0.4	SCLCR2525H06
2	93°外圆尖刀	25x25	T0202	涂层硬质合金	0.4	MVJNR2525M16

2. 加工程序的编制

程序清单如表 6.2.4 所示。

表 6.2.4　右端外轮廓加工程序

序　号	01	零件图号	6.2.1	编程原点	右端面与中心轴线的交点
程序号	O0001	数控系统	FANUC-0i	编　制	右端外轮廓
程　序			注　释		
O0001;			程序名		
G99 G97 S600 M03 F0.2;			进给速度按每转设定；恒线速度控制取消；主轴正转，转速为 600 r/min，进给量为 0.2 mm/r		

（续表）

序　号	01	零件图号	6.2.1	编程原点	右端面与中心轴线的交点
程序号	O0001	数控系统	FANUC-0i	编　制	右端外轮廓

程　序	注　释
O0001；	程序名
T0101；	调用 1 号刀具，导入 1 号刀补
G00 X47.0 Z2.0；	快速到达循环起点
G73 U20 R10；	调用平移粗车循环，加工参数设置
G73 P10 Q11 U0.5 W0.05；	
N10 G00 X0；	精加工轮廓起点，精加工参数设置
G01 Z0；	
＃1＝0；	赋 Z 坐标初值（自变量 Z）
＃2＝SQRT [－10 * ＃1]；	根据抛物线方程计算 X 坐标的绝对值（因变量 X）
WHILE [＃1 GE－22.5] DO1；	设置循环加工跳转语句（当自变量不小于－22.5 时，执行 N1 至 END1 程序段）
N1 G01 X [2 * ＃2] Z [＃1] F0.1；	直线拟合加工抛物线
＃1＝＃1－0.25；	加工循环步距赋值
END1；	
G01 X30.0 Z22.5；	加工 ϕ30 mm 外圆
Z－45.0；	
N11 X40.0；	刀具沿径向退刀
G00 X200.0 Z200.0 M05；	快速退刀至换刀点
N2；	
G99 G97 S1000 M03 F0.08；	进给速度按每转设定；恒线速度控制取消；主轴正转，转速为 1 000 r/min，进给量为 0.08 mm/r
T0101；	调用 1 号刀具，导入 1 号刀补
G00 X47.0 Z2.0；	快速到达循环起点
G70 P10 Q11；	精加工外轮廓
G00 X200.0 Z200.0；	快速退刀至换刀点
M05；	主轴停止
M30；	程序结束并返回程序起点

3. 数控加工

（1）检查毛坯料尺寸。
（2）使用钢直尺测量毛坯件长度尺寸，要求尺寸为 68 mm。
（3）开机。
（4）返回参考点。
（5）装夹工件。
（6）安装刀具。
（7）对刀。
（8）程序输入与程序调试。
（9）试运行。
（10）自动加工及尺寸控制。
（11）去除毛刺。
（12）质量检验。
（13）后续工作。

1. 检验内容分析

本任务零件质量检验包括：外圆直径的测量；端面和台阶的测量；圆角的测量。

2. 测量工具

0～150 mm，0.02 mm 游标卡尺、钢直尺、25～50 mm 内径千分尺、直角尺（辅助测量工具）

3. 零件质量检验表

零件尺寸检查内容如表 6.2.5 所示。

表 6.2.5　零件尺寸检查内容

序号	配分	自检要素				检测　允许=±0.03		备　注	
		直径/长度/Ra	基本尺寸	上偏差	下偏差	直径/长度/Ra	实测值	测量工具	评分标准
1	2	ϕ	30	0	−0.21	ϕ			
2	2	ϕ	40	0	−0.25	ϕ			
1	0.5	L	45	+0.25	−0.25	L			

（续表）

序号	配分	自检要素				检测　允许＝±0.03		备　注	
		直径/长度/Ra	基本尺寸	上偏差	下偏差	直径/长度/Ra	实测值	测量工具	评分标准
2	0.5	L	65	＋0.30	－0.30	L			
总计分数		5			总得分数				

4. 任务评价

任务评价如表 6.2.6 所示。

表 6.2.6　任务评价

序号	任务目标	相关内容	相关要求	学生自评	教师评价	实训效果
1	掌握对抛物线零件进行数控车削加工工艺分析并制定工艺规程	分析零件图样技术要求和制定加工工艺方案案例	能看懂零件图，学会设计加工工艺			
2	掌握选择抛物线类零件数控车削加工所用刀具材料及刀具几何参数的合理选择	刀具的认知与刀具的选择方法	能正确合理的选择刀具			
3	能正确合理的确定抛物线表面零件加工切削用量	切削用量三要素的选择及金属切削工艺手册的使用	能根据手册或者实际加工经验合理确定切削用量的选择			
4	掌握抛物线表面的数控车削加工程序的编制及加工操作	数控车床编程的宏程序基本概念及抛物线零件加工宏程序的编写	了解编写程序书写的方法与各代码书写格式；能书写简单的抛物线零件的宏程序			
		刀位数据处理	能正确计算各刀位点的坐标值			
5	掌握程序校正及加工应用	程序校正及加工检查	掌握正确的校正方法和操作，能判断等程序的正确性			
6	能对抛物线零件表面进行质量评估并能初步分析超差原因	专用测量仪	掌握抛物线零件表面尺寸的正确测量方法及误差分析			

（续表）

序号	任务目标	相关内容	相关要求	学生自评	教师评价	实训效果
7	工量具摆放、机床维护与保养	5S 管理	掌握工量具正确、合理的摆放；掌握机床使用后的维护与保养			
8	安全操作	数控车床安全操作规程	养成良好的安全的操作习惯			
9	数车加工熟练度	抛物线表面程序编制与车床操作	在规定时间内完成加工任务			

1. 编制宏程序加工公式曲线的一般步骤

（1）选择自变量。

①公式曲线中的 X 和 Z 坐标任意一个都可以作为自变量。

②一般选择变化范围大的作为自变量。车削加工中通常选 Z 坐标为自变量。

③根据表达式的方便情况来确定 X 或 Z 作为自变量。

④宏变量的定义完全可以根据个人习惯设定。

（2）确定定义域。自变量的起止点坐标值是相对于公式曲线自身坐标系的坐标值（椭圆自身坐标原点为椭圆中心）。其中起点坐标为自变量的初始值，终点坐标为自变量的终止值。

（3）用自变量表示因变量的表达式。进行函数变换，确定因变量相对于自变量的宏表达式。

2. 抛物线类方程及其宏程序编制方法

（1）抛物线及其方程（见图 6.2.2）。

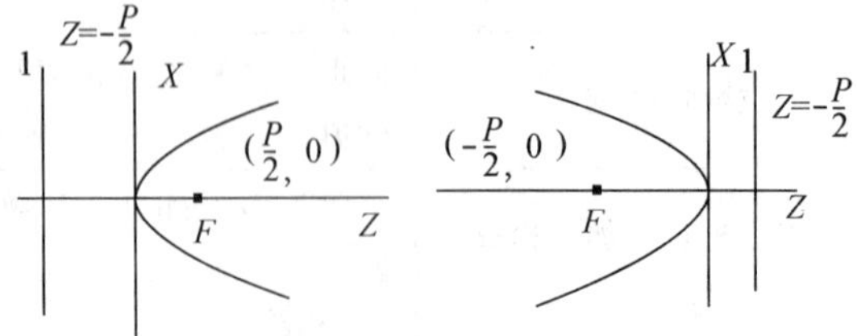

图 6.2.2　抛物线图形

其参数表述如表 6.2.7 所示。

表 6.2.7　抛物线方程参数

抛物线方程	
类　别	类　别
标准方程	$X^2=\pm 2pZ$
焦距 OF，离心率 ε	$\varepsilon=OF=\rho/2$（$\varepsilon=1$）
参数方程（极坐标）ρ 为焦弦之半	F 为极点，FX 为极轴→$r=\rho/(1-\cos\theta)$

（2）抛物线宏程序结构流程，如图 6.2.3 所示。

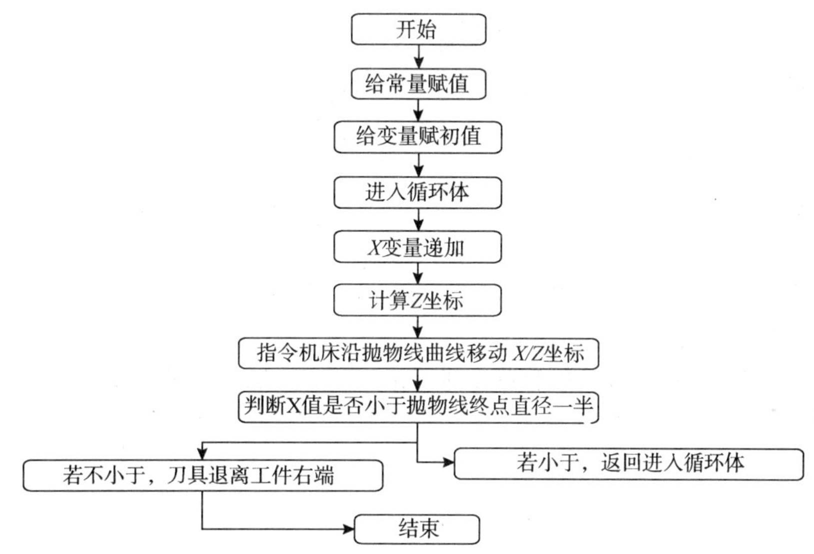

图 6.2.3　抛物线宏程序结构流程

（3）抛物线编程技巧，如图 6.2.4 所示。

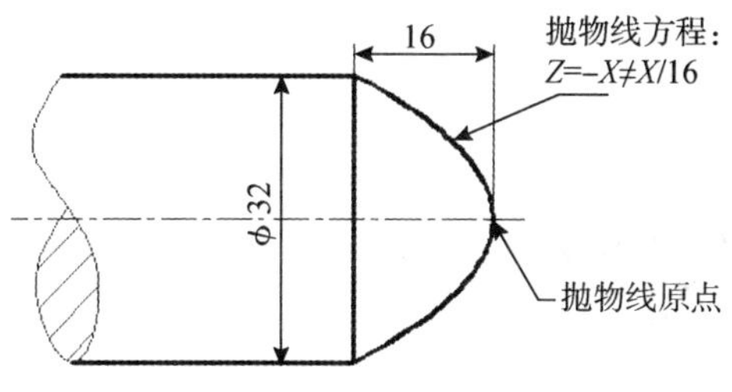

图 6.2.4　抛物线编程

①零件分析。该零件轮廓由抛物面组成。加工时，采取 X 向等距离散的方式，根据精度要求，将图中抛物面的 X 轴的步距设定为 0.05 mm。通过选择 X 轴的步距，将抛物面分成若干线段后，利用其数学方程式分别计算轮廓上各点的 Z 坐标，直到 $Z=-16$ 时，结束相应轮廓的拟合加工。

• 抛物面精加工程序段如下：

……

＃1＝0；（X 坐标条件变量）

＃2＝0；（Z 坐标计算变量）

```
N10 G1 X [2＊＃1] Z [＃2]；（抛物线加工循环体）
＃1＝＃1＋0.05；（X 向半径变量）
＃2＝－ [＃1＊＃1/16]；（X 向半径量转换后的抛物线 Z 坐标计算方程）
IF [＃1LE16] GOTO10；（抛物线加工条件跳转）
……
```

• 直线拟合加工路线如图 6.2.5 所示。

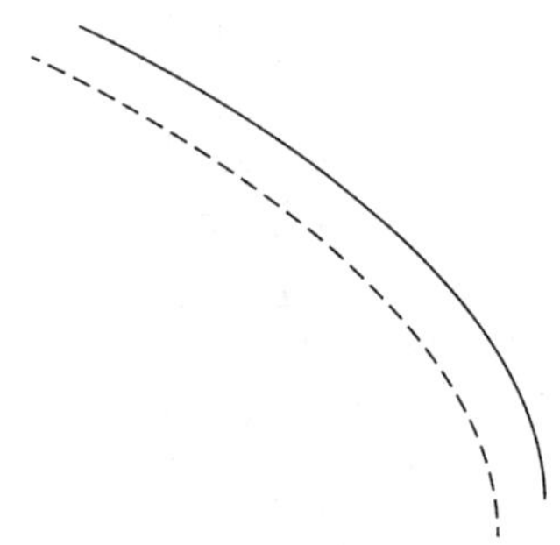

图 6.2.5　直线拟合加工线路

②加工程序编制。

• 该方法为使用 G73 复合循环指令进行加工。该方法缺点是空刀较多。

加工程序：

```
O0001；
M03 S900；
T0101；
G00 X100 Z100；
X35 Z0；
G1 X0 F0.15；
G00 X32 Z2；
G73 U16 R8；
G73 P1 Q20 U0.5 W0.1 S1000 F0.3；
N1 G0 X0 S1200 F0.15；
G1 Z0；
＃1＝0；
＃2＝0；
N10 G1X [2＊＃1] Z [＃2]；
＃1＝＃1＋0.05；
＃2＝－ [＃1＊＃1/16]；
IF [＃1LE16] GOTO10；
N20 G0 X32 Z2；
G0 X100 Z100；
M30；
```

加工路线简图（见图 6.2.6）：

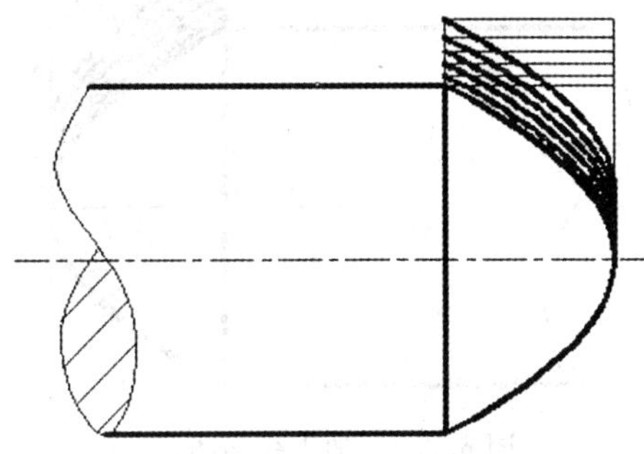

图 6.2.6　加工线路图 1

• 该方法为使用 FANUC 系统循环功（WHILE）语句。

该方法和 G73 相同，空刀较多。

格式：WHILE［表达式］DO *m* ；（*m*=1，2，3）

……

END *m*

加工程序：

```
O0002;
M03 S900;
T0101;
G00 X100 Z100;
X35 Z0;
G1 X0 F0.15;
G00 X32 Z2;
#3=16;
WHILE [#3GE0] DO1;
#1=0;
#2=0;
N10 G1X [2* [#1+#3]] Z [#2];
#1=#1+0.05;
#2=- [#1*#1/16];
IF [#1LE16] GOTO10;
G0 Z2;
#3=#3-1;
END 1;
G0 X100 Z100;
M30;
```

加工路线简图（见图 6.2.7）：

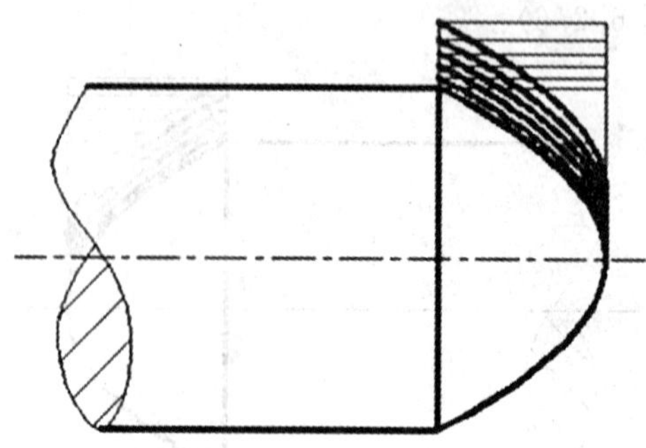

图 6.2.7　加工线路图 2

•该方法是利用条件语句判断走刀是否到毛坯的尺寸。该加工方法较好地克服了前两种方法的缺点。

加工程序：

```
O0003；
M03 S900；
T0101；
G00 X100 Z100；
X35 Z0；
G1 X0 F0.15；
G00 X32 Z2；
#3=16；
WHILE [#3GE0] DO1；
N1 #1=0；
#2=0；
N5 #4=#1+#3；
N10 G1 X [2*#4] Z [#2]；
#1=#1+0.05；
#2=- [#1*#1/16]；
#4=#1+#3；
IF [#4LE16] GOTO10；
G0 Z2；
#3=#3-1；
END1；
G0 X100 Z100；
M30；
```

加工路线简图（见图 6.2.8）：

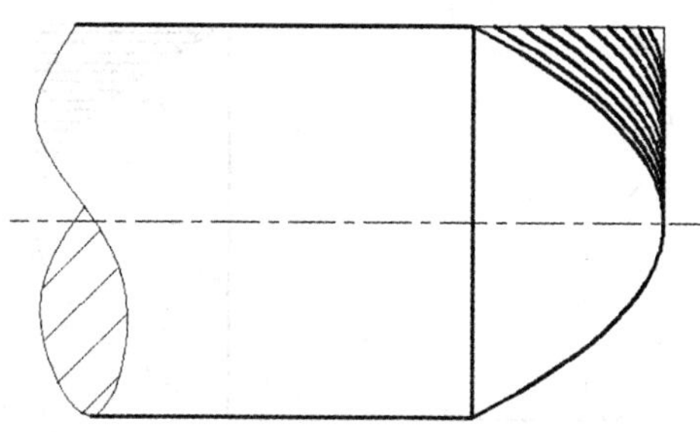

图 6.2.8　加工线路图 3

• 该方法为层切法，即利用 X 坐标的变化求出 Z 坐标，从而切削出近似抛物线的台阶，最后精加工出抛物面。

此种方法加工路线最短，效率较高。

加工程序：

```
O0004;
M03 S900;
T0101;
G0 X34 Z0;
G1 X0 F0.15;
G0 X32 Z2;
#3=16;
N5 #4=- [#3*#3/16];
G0 X [#3];
G1 Z [#4] F0.25;
G1 U1;
G0 Z2;
#3=#3-1;
IF [#3GE0] GOTO5;
S1200 F0.15;
#1=0;
#2=0;
N10 G1 X [2*#1] Z [#2];
#1=#1+0.05;
#2=- [#1*#1/16];
IF [#1LE16] GOTO10;
G0 X100 Z100;
M30;
```

加工路线简图（见图 6.2.9）：

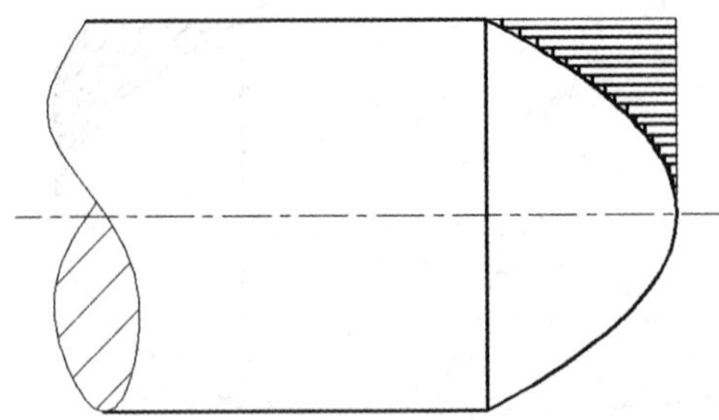

图 6.2.9　加工线路图 4

3. 编程实例

零件图纸如图 6.2.10 所示。

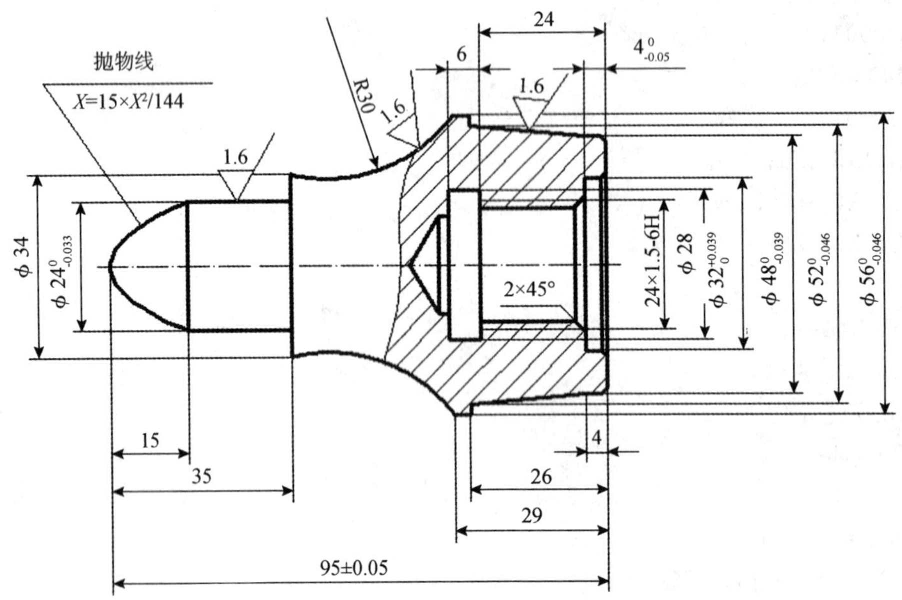

图 6.2.10　椭圆头零件

参考程序：

把零件反过来加工，所以方程为 $Z=-15\times X^2/144$。

```
O1（粗加工）
T0101;
M03S600;
G0X26Z2;
#1=12;
WHILE [#1GE0] DO1;
#2=#1*2+0.5;
#3=-15*#1*#1/144;
G90X#2Z#3F0.2;
```

```
#1=#1-1;
END1;
G0X100Z100;
M30;
O2 (精加工);
T0101;
M03S1600;
G0X0Z2;
#1=0;
WHILE [#1LE12] DO2;
#2=#1*2;
#3=-15*#1*#1/144;
G01X#2Z#3F0.1;
#1=#1+0.2;
END2;
G0X100Z100;
M30;
```

拓展练习

现要加工如图 6.2.11 所示产品，零件材料为 45 钢，毛坯尺寸：ϕ70 mm×92 mm，单件生产。小组协作进行图样分析、制定加工方案、编制工艺卡片、编制刀具卡片、编制工量具卡片、编写加工程序、程序校验、试加工、零件质量检测。

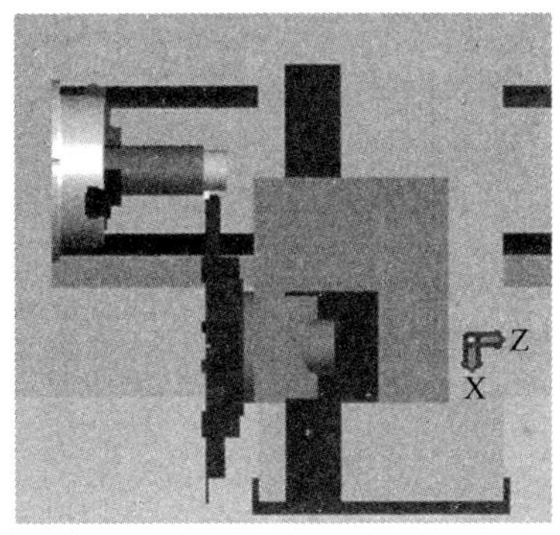

图 6.2.11　抛物线头零件

任务 6.3　双曲线类零件的编程与加工

任务目标

1. 知识目标

（1）掌握宏程序及变量的概念。
（2）掌握 B 类宏程序的变量及使用方法。
（3）掌握数控编程中的双曲线的数学处理。
（4）掌握双曲线的加工原理。

2. 能力目标

（1）能正确分析双曲线类零件的工艺性。
（2）会使用宏程序进行简单双曲工件加工程序的编制。
（3）掌握数控加工的操作步骤。
（4）会制定双曲线类零件的加工方案的制定。
（5）能正确对加工工件的质量进行检验。

任务描述

1. 零件图样

零件图样如图 6.3.1 所示。

2. 工作条件

（1）生产纲领：单件。
（2）毛坯：材料为 45 钢，ϕ40 mm×100 mm。
（3）作业时间：40 min。

3. 工作要求

（1）工件经加工后，各尺寸符合图样要求。
（2）工件经加工后，几何公差符合图样要求。
（3）工件经加工后，表面粗糙度符合图样要求。

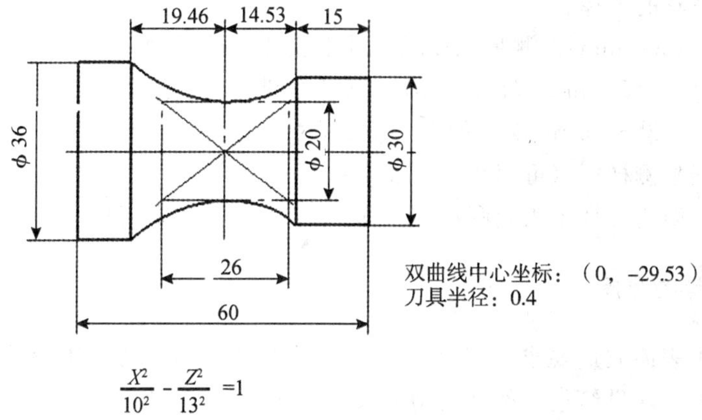

图 6.3.1　抛物线类零件

（4）正确执行安全技术操作规程。

（5）按企业有关文明生产规定，做到保持工作场地整洁，工件、工具摆放整齐。

任务分析

1. 图样分析

根据图 6.3.1 可知，此零件组成要素为 ϕ36 mm 外圆、ϕ30 mm 外圆及曲线方程为 $\frac{X^2}{10^2}-\frac{Z^2}{13^2}=1$ 的双曲线曲面。零件尺寸长度为 60 mm。无特殊公差及粗糙度要求，尺寸精度按未注公差 IT12 处理。

2. 工件的装夹与定位

工件采用三爪自定心卡盘进行装夹与定位，选择毛坯外圆中心作为定位基准。

3. 加工方案确定

加工方案的确定：

（1）用三爪自定心卡盘夹毛坯外圆左端，伸出 66 mm，并平右端面；车削外轮廓；切断。

（2）平左端面，并保总长至尺寸。

（3）检验入库。

4. 刀具及工、量具的选择

（1）刀具的选择。刀具具体选择如下：45°外圆车刀 1 把；93°外圆车刀 2 把，分粗、精外圆车刀；铜皮一段。

（2）工、量具的选择。

钢直尺（0～300 mm）：测量毛坯尺寸及毛坯伸出长度。

游标卡尺（0～150 mm，0.02 mm）：测量外圆的尺寸。

外径千分尺（25～50 mm）：测量外圆的尺寸。

专用双曲线检测样板（可用线切割加工）。

铜皮一段：防止已加工表面刮花或损伤。

5. 切削用量的选择

根据被加工表面质量要求、刀具材料和工件材料，参考切削用量手册或有关资料选取切削速度与每转进给量，然后利用公式 $v_c=\pi dn/1\,000$ 和 $v_f=n_f$，计算主轴转速与进给速度。

（1）主轴转速（n）的确定。采用硬质合金刀具材料切削钢件时，切削速度取值 80～220 m/min，根据公式 $n=1\,000\nu/\pi D$ 以及加工经验，结合实际情况，确定该工件粗加工时主轴转速在 400～1 000 r/min 范围内取值，精加工的主轴转速在 800～2 000 r/min 范围内取值。

（2）进给速度（f）的确定。粗加工时，为提高生产效率，在保证加工质量的前提条件下，选择较高的进给速度，一般取 0.1～0.3 mm/r。

精加工时，进给速度一般取粗加工进给速度的一半。

（3）背吃刀量（a_p）的确定。背吃刀量的选择因粗、精加工而有所不同。粗加工时，在工艺系统刚性和机床功率允许的情况下，尽可能取较大的背吃刀量，以减少进给次数；精加工时，为保证零件表面粗糙度要求，背吃刀量一般取 0.1～0.4mm 较为合适。

6. 机床与机床系统的选择

根据工件的形状及加工要求，选用 CK6140 数控车床（前置刀架）进行简单套类零件的加工，数控系统选用 FANUC-0i 系统。

1. 数控加工工序卡的编制

（1）数控加工工序卡（见表 6.3.1、表 6.3.2）。

表 6.3.1　数控加工工序卡

数控加工工序卡		产品名称		零件图号	夹具名称		工序号
工步号	工步内容	套 1		6.3.1	三爪自定心卡盘		01
		切削用量			刀具		备注
		主轴转速 n/（r/min）	进给速度 f/（mm/r）	背吃刀量 a_p/mm	编号	名称	
1	三爪卡盘夹持夹右端毛坯外圆，伸出 66 mm	—	—	—	—	—	
2	手动车左端面	700	手动匀速进给	—	—	45°外圆车刀	
3	粗车左端 ϕ26 mm、ϕ58 mm 外圆，留加工余量 0.5 mm	700	0.15	1.0	T01	93°外圆车刀	
4	精车左端外轮廓达尺寸要求	1 200	0.1	0.5	T02	93°外圆车刀	
5	切断	500	手动匀速进给	4	—	4 mm 切断刀	
编制	审核		批准		共　页		第　页

表 6.3.2　数控加工工序卡

数控加工工序卡		产品名称		零件图号	夹具名称		工序号
工步号	工步内容	套 1		6.3.1	三爪自定心卡盘		01
		切削用量			刀具		备注
		主轴转速 n/（r/min）	进给速度 f/（mm/r）	背吃刀量 a_p/mm	编号	名称	
1	调头夹 ϕ26 mm 外圆，外轮廓用铜皮包裹，找正并夹紧。	—	—	—			
2	手动车右端面，保证总长	700	手动匀速进给	—	—	45°外圆车刀	
编制	审核		批准		共　页		第　页

（2）数控加工刀具卡（见表 6.3.3）。

表 6.3.3　数控加工刀具卡

序号	刀具名称	刀具清单			共 1 页　第 1 页	
		刀具规格				备注
		刀柄规格	代号	刀片规格	刀尖半径	
1	93°外圆车刀	25×25	T0101	硬质合金	0.4	MVJNR2525M16
2	93°外圆尖刀	25×25	T0202	硬质合金	0.4	MVJNR2525M16
3	45°外圆车刀	25×25	—	硬质合金	0.4	MSSNR2525M12

2. 加工程序的编制

程序清单如表 6.3.4 所示。

表 6.3.4　右端外轮廓加工程序

<table>
<tr><td>序　号</td><td>01</td><td>零件图号</td><td>6.3.1</td><td>编程原点</td><td>右端端面与轴线的交点</td></tr>
<tr><td>程序号</td><td>O0001</td><td>数控系统</td><td>FANUC-0i</td><td>编　制</td><td>右端外轮廓</td></tr>
<tr><td colspan="3">程　　序</td><td colspan="3">注　　释</td></tr>
<tr><td colspan="3">O0001;</td><td colspan="3">程序名</td></tr>
<tr><td colspan="3">N1;</td><td colspan="3"></td></tr>
<tr><td colspan="3">G99 G97 S500 M03 F0.2;</td><td colspan="3">进给速度按每转设定；恒线速度控制取消；主轴正转，转速为 600 r/min，进给量为 0.2 mm/r</td></tr>
<tr><td colspan="3">T0101;</td><td colspan="3">调用 1 号刀具，导入 1 号刀补</td></tr>
<tr><td colspan="3">G00 X42.0 Z2.0;</td><td colspan="3">快速到达循环起点</td></tr>
<tr><td colspan="3">G73 U10.0 R4;</td><td colspan="3" rowspan="2">调用平移粗车循环，加工参数设置</td></tr>
<tr><td colspan="3">G73 P10 Q11 U1.2 W0.05;</td></tr>
<tr><td colspan="3">N10 G00 G42 X30.0 S1000 F0.1;</td><td colspan="3" rowspan="2">精加工轮廓起点，精加工参数设置加工 ϕ30 mm 外圆</td></tr>
<tr><td colspan="3">G01 Z−15.0;</td></tr>
<tr><td colspan="3">#1=14.53;</td><td colspan="3">赋 Z 坐标初值（自变量 Z）</td></tr>
<tr><td colspan="3">WHILE [#1GE−19.46] DO1;</td><td colspan="3">设置循环加工跳转语句（当自变量≥−22.5 时，执行 N1 至 END1 程序段）</td></tr>
<tr><td colspan="3">#2=10 * SQRT [13 * 13+#1 * #1] /13;</td><td colspan="3">根据抛物线方程计算 X 坐标的绝对值（因变量 X）</td></tr>
<tr><td colspan="3">N1 G01 X [2 * #2] Z [#1−29.53];</td><td colspan="3">直线拟合加工抛物线</td></tr>
<tr><td colspan="3">#1=#1−0.2;</td><td colspan="3">加工循环步距赋值</td></tr>
</table>

其中，$b^2=c^2-a^2$。

①标准方程及参数方程：

$$\frac{X^2}{a^2}-\frac{Z^2}{b^2}=1$$

$$\begin{cases}Z=b\tan\psi \\ X=a\mathrm{stc}\psi \quad (a>0 \quad b>0)\end{cases}$$

②标准方程及参数方程：

$$\frac{Z^2}{a^2}-\frac{X^2}{b^2}=1$$

$$\begin{cases}Z=a\sec\psi \\ X=b\tan\psi \quad (a>0 \quad b>0)\end{cases}$$

(2) 双曲线宏程序结构流程（见图 6.3.3）。

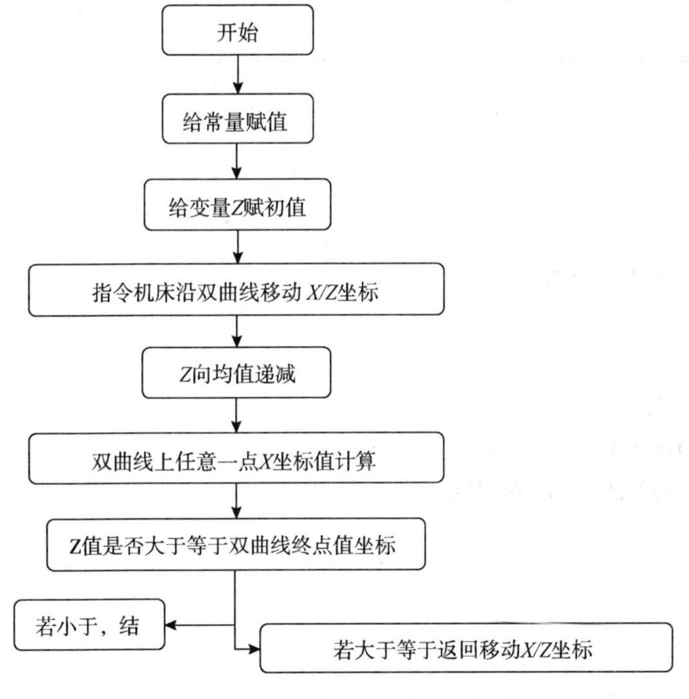

图 6.3.3　双曲线宏程结构流程图

3. 编程实例

(1) 焦点在 Y 轴上的双曲线宏程序编制（见图 6.3.4）。

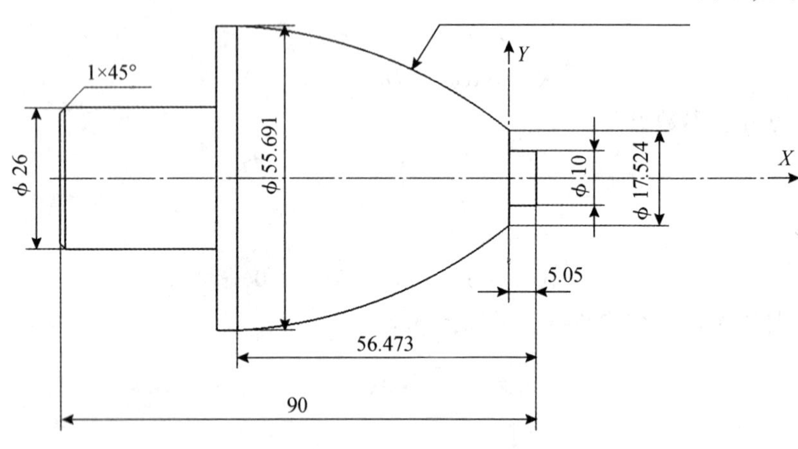

图 6.3.4 编程图 1

程序编制：

```
O0273；
N1；
G99 G97 G40 M03 S700；
T0101；
G00 X60.0 Z2.0；
G73 U10.0 R4
G73 P10 Q11 U1.2 W0.05；
N10 G00 G42X10.0 S1000 F0.1；
G01 Z−5.05；
X17.524；
#1=20；
N10 #2=38−10/SIN [#1]；
#3=−60+20/TAN [#1]；
WHILE [#1 LT 80] DO 1；
N1 G01 X2*#2 Z#3；
#1=#1+1；
END1
G01 X56 Z−56.473；
N11 X60；
G00 X200.0 Z200.0 M05；
N2；
G99 G97 S1000 M03 F0.08；
```

```
T0202;
G00 G40 X60.0 Z2.0;
G70 P10 Q11;
G00 X200.0 Z200.0;
M05;
M30;
```

(2) 焦点在 X 轴上的双曲线宏程序编程（见图 6.3.5）。

```
O0045;
G99 G97 G40 M03 S700;
T0101;
G00 X60.0 Z2.0;
G73 U10.0 R4;
G73 P10 Q11 U1.2 W0.05;
N10 G00 G42X0 M03 S1000 F0.08;
G01 Z0;
G01 #100=0;
#101=4/3*SQRT[[#100-6]*[#100-6]-36];
WHILE [#100 GT -16.594] DO1;
N1 G01 X2*#101 Z#100;
#100=#100-1;
END1
G01 X58 Z-16.594;
N11 X60;
G00 Z100;
X100;
M05;
N2;
G99 G97 S1000 M03 F0.08;
T0202;
G00 G40 X60.0 Z2.0;
G70 P10 Q11;
G00 X200.0 Z200.0;
M05;
M30;
```

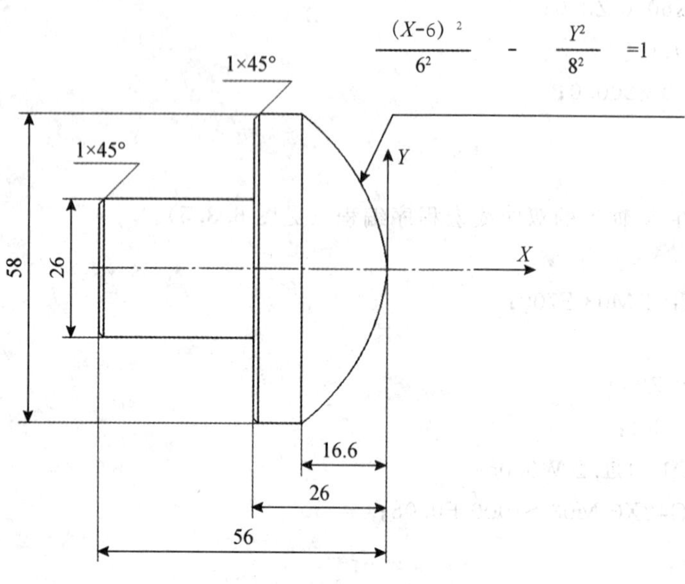

图 6.3.5　编程图 2

拓展练习

现要加工如图 6.3.6 所示产品，零件材料为 45 钢，毛坯尺寸：ϕ45 mm×73 mm，单件生产。小组协作进行图样分析、制定加工方案、编制工艺卡片、编制刀具卡片、编制工量具卡片、编写加工程序、程序校验、试加工、零件质量检测。

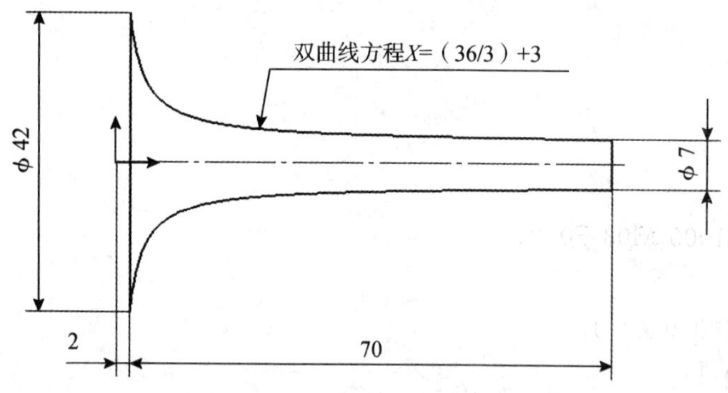

图 6.3.6　双曲线类零件练习件

模块 7　综合实训

任务 7.1　中级技能加工实例 1

任务目标

1. 知识目标

(1) 掌握轴类零件各轮廓要素的编程与加工方法。
(2) 掌握轴类零件数控车削加工工艺设计。
(3) 掌握轴类零件加工切削用量的选用原则。
(4) 掌握数控车床的复合循环指令的应用。

2. 能力目标

(1) 能正确分析轴类零件的工艺性。
(2) 能进行轴类零件加工刀具的选择、切削用量的选用及刀具参数的设定。
(3) 能正确应用轴加工循环指令。
(4) 能填写轴类零件的工序卡。
(5) 能编写轴类零件的加工程序。
(6) 能正确进行轴类零件的精度检测、数控处理及加工结果的判断。
(7) 能提交产品及工艺文件。

1. 零件图样

零件图样如图 7.1.1 所示。

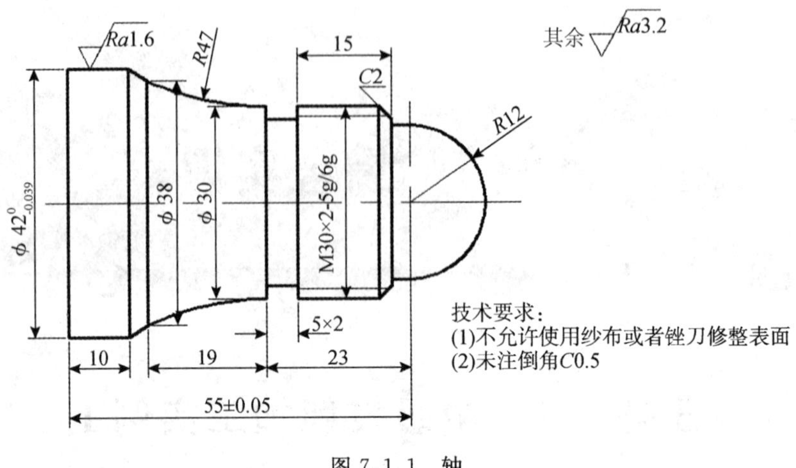

图 7.1.1　轴

2. 工作条件

(1) 生产纲领：单件。
(2) 毛坯：外轮廓为 ϕ45 mm×100 mm。材料：45 钢。
(3) 作业时间：60 min。

3. 工作要求

(1) 工件经加工后，各尺寸符合图样要求。
(2) 工件经加工后，几何公差符合图样要求。
(3) 工件经加工后，表面粗糙度符合图样要求。
(4) 正确执行安全技术操作规程。
(5) 按企业有关文明生产规定，做到保持工作场地整洁，工件、工具摆放整齐。

任务分析

1. 图样分析

如图 7.1.1 所示为典型轴类零件，其外轮廓主要由圆弧面、圆柱面、锥面、螺纹组成，最大尺寸为 ϕ42 mm×55 mm。其中 ϕ42 mm 外圆粗糙度为 Ra1.6 μm，其余均为 Ra3.2 μm。螺纹公称直径为 ϕ30 mm，中径公差带代号为 5g，顶径公差带代号为 6g。工件要求锐变倒钝，倒角为 C0.5 mm。

2. 工件的装夹与定位

装夹方式：采用三爪自定心卡盘进行定位与装夹。在掉头装夹时，应采用铜皮包裹夹持部分，以防卡爪夹伤表面。

定位基准：为保证工件两端面与工件轴线的垂直度，外轮廓加工时一般以毛坯光整面为定位基准。

3. 加工方案确定

此零件属于典型的轴类零件。加工时，用三爪自定心卡盘装夹零件，并先加工整体外轮廓。然后掉头平左端面保总长。外轮廓从右向左是单调递增的，适用于 G71 指令编程进行加工，退刀槽用 G01 指令编程加工，外螺纹则用固定循环指令 G82 编程加工。详细加工方案如下：

（1）用三爪自定心卡盘装夹工件毛坯，身处长度约 45 mm。

（2）外圆车削一刀（光整外圆）。

（3）掉头，三爪自定心卡盘装夹光整外圆部分，伸出长度约 73 mm。

（4）装夹刀具，手动车端面及对刀。

（5）粗、精加工外轮廓至尺寸要求。

（6）车槽至尺寸要求。

（7）粗车螺纹。

（8）检测尺寸。

（9）精车螺纹至尺寸；手动切断工件，总长度保留 0.5 mm 余量

（10）掉头，装夹内螺纹套筒外圆（工件右端螺纹部分已旋入）。

（11）手动加工工件至总长尺寸。

4. 刀具及工、量具的选择

（1）刀具的选择。根据刀具库配备情况，选用整体式或者机夹式车刀，端面车刀和切槽刀刀片选用硬质合金材料，外圆车刀刀片选用涂层硬质合金材料。

刀具具体选择如下：90°外圆车刀一把，60°螺纹车刀一把，切槽刀（刃宽 4 mm）一把，45°端面车刀一把。

（2）工、量具的选择。

钢直尺（0～300 mm）：测量毛坯尺寸。

游标卡尺（0～150 mm，0.02 mm）：测量轮廓的基本尺寸。

外径千分尺（0～25 mm，25～50 mm）：测量外圆的直径尺寸。

M30×2-5g/6g 螺纹环规一套：检测螺纹是否合格。

半径 R 规（R47 mm、R12 mm）：测量圆弧尺寸。

5. 切削用量的选择

加工参数的确定取决于实际加工经验、工件的加工精度及表面质量、工件的材料特性、刀具的种类及形状、刀柄的刚性等诸多因素。

（1）主轴转速（n）的确定。采用硬质合金刀具材料切削钢件时，切削速度取值 80～220 m/min，根据公式 $n=1\,000v/\pi D$ 以及加工经验，结合实际情况，确定该工

件粗加工时主轴转速在 400～1 000 r/min范围内取值，精加工的主轴转速在 800～2 000 r/min 范围内取值。

（2）进给速度（f）的确定。粗加工时，为提高生产效率，在保证加工质量的前提条件下，选择较高的进给速度，一般取 100～200 mm/min。

精加工时，进给速度一般取粗加工进给速度的一半。

（3）背吃刀量（a_p）的确定。背吃刀量的选择要根据机床、刀具的刚性以及加工精度来确定，粗加工的背吃刀量一般取值为 2～5 mm。精加工的背吃刀量一般取值为 0.2～0.5 mm。

6. 机床与机床系统的选择

根据工件的形状及加工要求，选用 CK6140 数控车床（前置刀架）进行简单套类零件的加工，数控系统选用 FANUC-0i 系统。

1. 数控加工工序卡的编制

（1）数控加工工序卡（见表 7.1.1、表 7.1.2）。

表 7.1.1 轴右侧加工工序卡

数车加工工序卡		产品名称		零件图号	夹具名称		工序号
工步号	工步内容	轴		7.1.1	三爪自定心卡盘		01
		切削用量			刀具		备注
		主轴转速 n/（r/min）	进给速度 f/（mm/r）	背吃刀量 a_p/mm	编号	名称	
1	用三爪自定心卡盘装夹工件毛坯，身处长度约 45 mm	—	—	—	—	—	
2	外圆车削一刀（光整外圆）	700	—	—	T01	90°外圆车刀	Z 向对刀
3	掉头，三爪自定心卡盘装夹光整外圆部分，伸出长度约 73 mm	700	0.15	1.0	T01		
4	手动车端面及对刀	1 200	0.05	0.3	T01		

（续表）

数车加工工序卡		产品名称		零件图号	夹具名称		工序号
工步号	工步内容	轴		7.1.1	三爪自定心卡盘		01
		切削用量			刀具		备注
		主轴转速 $n/$（r/min）	进给速度 $f/$（mm/r）	背吃刀量 a_p/mm	编号	名称	
5	粗加工外轮廓，留加工余量 0.5 mm	1 000	—	—	—	—	
6	精加工外轮廓至尺寸要求	400	—	8	—	—	
7	车槽至尺寸要求	400	—	3	—	—	
8	粗、精车螺纹至尺寸	600	0.15	1.0	T02	60°螺纹车刀	
9	手动切断工件，总长度保留 0.5mm 余量	1000	0.05	1	T02		
编制		审核		批准		共　页	第　页

表 7.1.2　轴左侧加工工序卡

数车加工工序卡		产品名称		零件图号	夹具名称		工序号
工步号	工步内容	轴		7.1.1	三爪自定心卡盘		01
		切削用量			刀具		备注
		主轴转速 $n/$（r/min）	进给速度 $f/$（mm/r）	背吃刀量 a_p/mm	编号	名称	
1	掉头，装夹内螺纹套筒外圆面（工件右端螺纹部分已旋入）	—	—	—		90°外圆车刀	
2	手动车左端面，保证总长	700	0.15	1.0	T01	45°端面车刀	Z 向对刀
3							
4							
编制		审核		批准		共　页	第　页

（2）数车加工刀具卡（见表 7.1.3）。

表 7.1.3　数车加工刀具卡

序号	刀具名称	刀具清单			共1页　第1页	
		刀具规格				备注
		刀柄规格	代号	刀片规格	刀尖半径	
1	90°外圆粗精车刀	25×25	T0101	硬质合金	0.4	
4	60°螺纹车刀	25×25	T0202	硬质合金	0.4	
5	切槽刀	25×25	T0303	硬质合金	B=4 mm	
6	45°端面车刀	25×25	T0404	硬质合金	0.4	
7						
8						

2. 加工程序的编制

程序清单如表 7.1.4～表 7.1.6 所示。

表 7.1.4　外轮廓加工程序

序　号	01	零件图号	7.1.1	编程原点	右端面与中心轴线交点
程序号	O0001	数控系统	FANUC-0i	编　制	外轮廓程序
程　序			注　释		
O0001；			程序名		
N10 G21 G40 G99；			程序初始化		
N20 T0101；			换 1 号外圆车刀，导入 1 号刀补		
N30 M03 S700；			主轴正转，转速为 700 r/min		
N40 M08；			切削液开		
N50 G00 X45.0 Z2.0；			快速到达循环起点		
N60 G71 U1 R0.5；			外径粗车循环，加工路线为 N80～N190，*X* 向精车余量为 0.3 mm，粗加工进给量为 0.15 mm/r		
N70 G71 P80 Q120 U0.3 W0 F0.15；					
N80 G00 G42 X0 S1200 F0.05；			精加工外轮廓起点，精加工参数设置		

（续表）

序　号	01	零件图号	7.1.1	编程原点	右端面与中心轴线交点
程序号	O0001	数控系统	FANUC-0i	编　制	外轮廓程序
程　序			注　释		
O0001；			程序名		
N90 G01 Z0；			精加工轮廓描述		
N100 G03 X24.0 Z−12.0 R12.0；					
N110 Z−15.0；					
N120 X25.8；					
N130 X29.8 Z−17.0；					
N140 Z−35.0；					
N150 X30.0；					
N160 G02 X38.0 Z−54.0 R47.0；					
N170 G01 X42.0 Z−57.0；					
N180 Z−72.0；					
N190 X45.0；			径向退刀		
N200 M00；			程序暂停		
N210 G21 G40 G99；			程序初始化		
N220 T0101；			换 1 号外圆车刀，导入 1 号刀补		
N230 M03 S1200；			主轴正转，转速为 1 200 r/min		
N240 G00 X45.0 Z2.0；			快速进刀至循环起点		
N250 G70 P80 Q120；			精加工内轮廓		
N260 G00 X100.0 Z100.0；			刀具快速退回至换刀点		
N270 M05；			主轴停止		
N280 M09；			切削液关		
N290 M30；			程序结束并返回程序起点		

表 7.1.5　退刀槽加工程序

序　号	02	零件图号	7.1.1	编程原点	右端面与中心轴线交点
程序号	O0002	数控系统	FANUC-0i	编　制	退刀槽程序
程　序			注　释		
O0002；			程序名		
N10 G21 G40 G99；			程序初始化		

（续表）

序　号	02	零件图号	7.1.1	编程原点	右端面与中心轴线交点
程序号	O0002	数控系统	FANUC-0i	编　制	退刀槽程序
程　序			注　释		
O0002；			程序名		
N20 T0303；			换 3 号外圆车刀，导入 3 号刀补		
N30 M03 S500；			主轴正转，转速为 500 r/min		
N40 G00 X40.0 Z−35.0；			退刀槽加工		
N50 G01 X26.0 F0.05；					
N60 X32.0；					
N70 Z−34.0；					
N80 X26.0；					
N90 X32；			径向退刀		
N100 G00 X100.0 Z100.0；			刀具快速退回至换刀点		
N110 M05；			主轴停止		
N120 M30；			程序结束并返回程序起点		

表 7.1.6　外螺纹加工程序

序号	03	零件图号	7.1.1	编程原点	右端面与中心轴线交点
程序号	O0003	数控系统	FANUC-0i	编 制	外螺纹程序
程　序			注　释		
O0001；			程序名		
N10 G21 G40 G99；			程序初始化		
N20 T0404；			换 3 号外圆车刀，导入 3 号刀补		
N30 M03 S500；			主轴正转，转速为 500 r/min		
N40 G00 X40.0 Z0；			快速到达循环起点		
N50 G92 X29.0 Z−32.5 F2.0；			螺纹切削第一刀，背吃刀量 0.5 mm		
N60 X28.3；			螺纹切削第二刀，背吃刀量 0.35 mm		
N70 X27.8；			螺纹切削第三刀，背吃刀量 0.25 mm		
N80 X27.52；			螺纹切削第四刀，背吃刀量 0.14 mm		
N90 X27.52；			螺纹切削第四刀，去除毛刺，光整加工		
N100 X100 Z100；			退刀至换刀点		
N110 M05；			主轴停止		
N120 M30；			程序停止并返回起始行		

3. 数控加工

（1）检查毛坯料尺寸。
（2）使用钢直尺测量毛坯件尺寸，要求尺寸为 100 mm。
（3）开机。
（4）返回参考点。
（5）装夹工件。
（6）安装刀具。
（7）对刀。
（8）程序输入与程序调试。
（9）试运行。
（10）自动加工及尺寸控制。
（11）去除毛刺。
（12）质量检验。
（13）后续工作。

任务评价

1. 检验内容分析

本任务零件质量检验包括：外圆直径的测量；端面和台阶的测量；圆弧的测量；螺纹的检测。

2. 测量工具

游标卡尺（0～150 mm，0.02 mm）：测量轮廓的基本尺寸。
外径千分尺（0～25 mm，25～50 mm）：测量外圆的直径尺寸。
M30×2-5g/6g 螺纹环规一套：检测螺纹是否合格。
R 规（*R*47 mm、*R*12 mm）：测量圆弧尺寸。

3. 零件质量检验表

零件尺寸检查内容如表 7.1.7 所示。

表 7.1.7 零件尺寸检查内容

序号	配分	自检要素				检测 允许=±0.03		备注		
		直径/长度/Ra	基本尺寸	上偏差	下偏差	直径/长度/Ra	实测值	测量工具	工件名称	评分标准
1	10	ϕ	42	0	−0.039	ϕ		25～50 mm 外径千分尺		超差 0.01 扣 1 分
2	5	ϕ	38	0	−0.25	ϕ		0～150 mm 带表卡尺		超差 0.01 扣 1 分
3	5	ϕ	30	0	−0.21	ϕ		0～150 mm 带表卡尺		超差 0.01 扣 1 分
4	10	ϕ	24	0	−0.21	ϕ		0～150 mm 带表卡尺		超差 0.01 扣 1 分
5	10	M	30×2			M		止规、通规		
6	10	L	55	+0.05	−0.05	L		0～150 mm 带表卡尺		超差 0.01 扣 1 分
7	10	L	15	+0.09	−0.09	L		0～150 mm 带表卡尺		超差 0.01 扣 1 分
8	10	L	10	+0.075	−0.075	L		0～150 mm 带表卡尺		超差 0.01 扣 1 分
9	10	L	5	−0.06	−0.06	L		0～150 mm 带表卡尺		超差 0.01 扣 1 分
10	5	R	12					R 规		
11	5	R	47					R 规		
12	5	锐边倒钝								
13	10	操作规范有创意								
安全文明生产		①安全正确操作设备 ②工作场地整洁，工件、量具、夹具等器具摆放整齐规范 ③做好事故防范措施，填写交接班记录，并将出现的事故发生原因、过程及处理结果记入运行档案 ④做好环境保护 每违反一项从总分扣除 2 分，发生重大事故者取消成绩并赔偿相应的损失。扣分不超过 10 分								
总计分数		100				总得分数				

4. 任务评价

任务评价如表 7.1.8 所示。

表 7.1.8　任务评价

序号	任务目标	相关内容	相关要求	学生自评	教师评价	实训效果
1	掌握轴类零件进行数控车削加工工艺分析并制定工艺规程	分析零件图样技术要求和制定加工工艺方案案例	能看懂零件图，学会设计加工工艺			
2	掌握选择轴类零件数控车削加工所用刀具材料及轴刀具几何参数的合理选择	外圆刀具的认知与刀具的选择方法	能正确合理的选择外圆刀具			
3	能正确合理的确定轴表面零件加工切削用量	切削用量三要素的选择及金属切削工艺手册的使用	能根据手册或者实际加工经验合理确定切削用量的选择			
4	掌握轴表面的数控车削加工程序的编制及加工操作	数控车床编程的基本概念及轴类零件加工程序的编写	了解编写程序书写的方法与各代码书写格式；能书写较复杂的轴类零件程序			
		刀位数据处理	能正确计算各刀位点的坐标值			
5	掌握程序校正及加工应用	程序校正及加工检查	掌握正确的校正方法和操作，能判断等程序的正确性			
6	能对轴表面进行质量评估并能初步分析超差原因	游标卡尺、内径千分尺等的使用方法	掌握轴表面尺寸的正确测量方法及误差分析			
7	工量具摆放、机床维护与保养	5S 管理	掌握工量具正确、合理的摆放；掌握机床使用后的维护与保养			
8	安全操作	数控车床安全操作规程	养成良好的安全的操作习惯			
9	数车加工熟练度	轴表面程序编制与车床操作	在规定时间内完成加工任务			

1. 外圆车刀刃磨

1）车刀的材料

常用车刀材料一般有高速钢（high-speed steel）和硬质合金（horniness metal）

两类。

（1）高速钢车刀。

（2）硬质合金车刀。

2）车刀种类

常用的车刀有外圆车刀［见图 7.1.2（a）、（b）］，内孔车刀［见图 7.1.2(d)］，螺纹车刀［见图 7.1.2(f)］，圆弧车刀［见图 7.1.2(e)］，切断刀［见图 7.1.2(c)、］等。

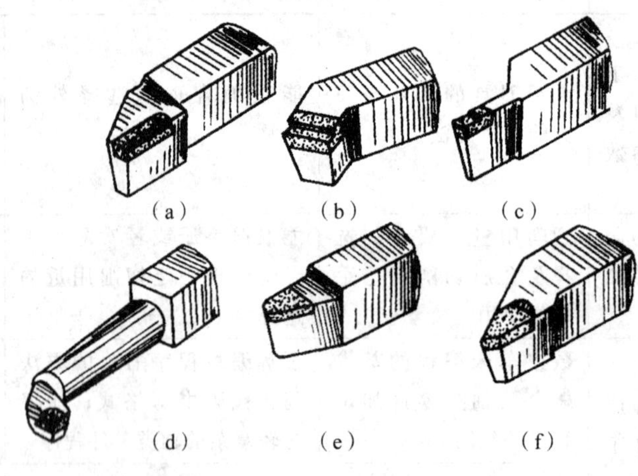

图 7.1.2　车刀的种类

3）砂轮选用

（1）氧化铝砂轮适用于高速钢车刀。

（2）碳化硅砂轮适用于硬合金车刀。

4）车刀的刃磨

以 93°外圆车刀磨为例，如图 7.1.3 所示。

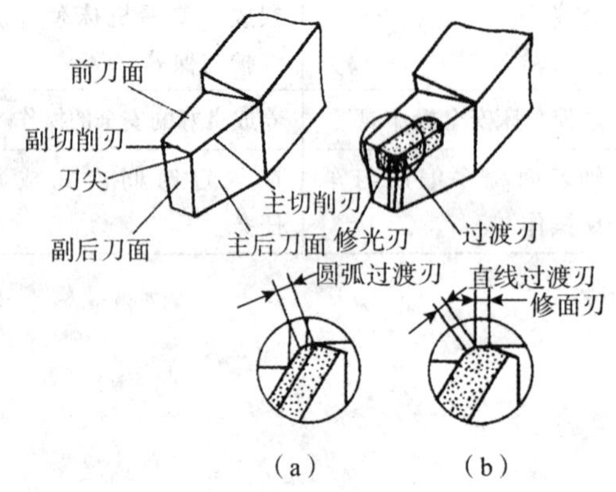

图 7.1.3　刀头的组成

（1）粗磨。

①磨主后面，同时磨出主偏角与主后角。

②磨副后面，同时磨出副偏角及副后角。

③磨前面，同时磨出前角、刃倾角。

（2）精磨。

①修磨前面。

②修磨主后面和副后面。

③修磨刀尖过渡刃。

90°～93°外圆车刀几何如图 7.1.4 所示。

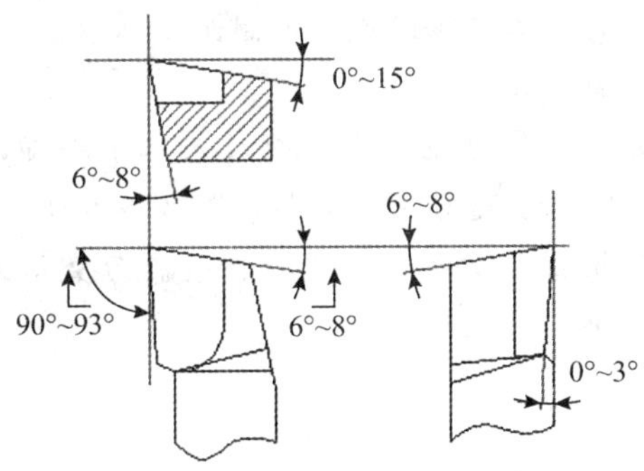

图 7.1.4　90°～93°外圆车刀几何角度

5）刃磨车刀的姿势及方法

（1）人站立砂轮侧面，以防砂轮碎裂时碎片飞出伤人。

（2）两手握刀的距离放开，两肘夹腰部，这样可以减少磨刀时抖动。

（3）磨刀时，车刀应放在砂轮的水平中心，刀尖需抬起，以防磨好的刀刃被砂轮碰伤。

（4）磨主后面时，刀杆尾部向左偏过一个偏角的角度［见图 7.1.5(a)］，磨副后面时，刀杆尾部向右偏过一个副偏角的角度。

（5）刃磨刀尖圆弧时，通常以左手握车刀前端为支点，用右手转动刀尾部［见图 7.1.5(d)］。

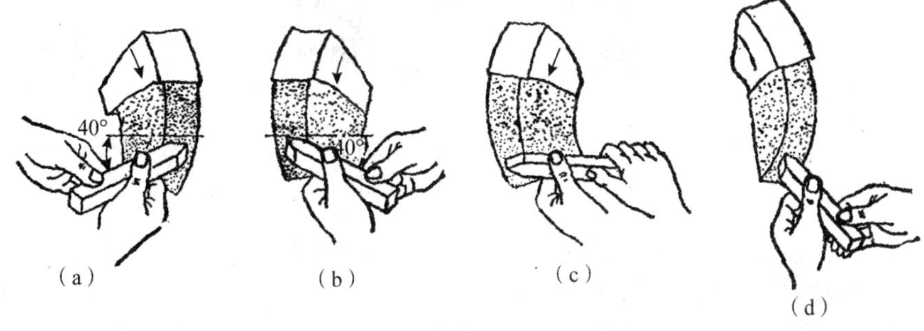

图 7.1.5　刃磨车刀的姿势

6）检查车刀角度的方法

（1）目测法。观察车刀角度是否合乎要求，刀刃是否锋利，表面是否有裂痕和其他不符合切削要求的缺陷。这是常用的一种方法。

（2）量角器（protractor）与样板（templet）测量法。

对于角度要求高的车刀，可用此法检测。

温馨提示

①车刀刃磨时，不能用力过大，以防打滑伤手。

②车刀高低必须控制在砂轮水平中心略向上翘，否则会出现后角过大或负后角等弊端。

③车刀磨时应作水平的左右移动，以免砂轮表面出凹坑。

④在平形砂轮上磨刀时，尽可能避免砂轮侧面。

⑤磨刀时要求戴防护镜。

⑥刃磨硬质合金车刀时，不可把刀尖部分放入水中冷却，以防止刀片突然冷却而破裂，刃磨高速钢车刀时，应随时用水冷却，以防车刀过热退火，降低硬度。

⑦在磨刀时，要对砂轮机的防护设施进行检查。刃磨结束后，应随手关闭砂轮机电源。

2. 切槽刀的刃磨

直形车槽刀和切断刀的几何形状基本相似，刃磨方法也基本相同，只是刀头部分的宽度和长度有些区别，有时也通用。

切断与车槽是车工的基本操作技能之一，能否掌握好，关键在于刀具的刃磨。因为切断和切槽刀的刃磨要比刃磨外圆刀的难度大一些。

(1) 高速钢切槽刀的几何角度（见图 7.1.6）。$\gamma_o=5°\sim20°$，主后角 $\alpha_o=6°\sim8°$；两个副后角 $\alpha'_0=1°\sim3°$，主偏角 $\kappa_r=90°$，两个副偏角 $\kappa'_r=1°\sim1.5°$。

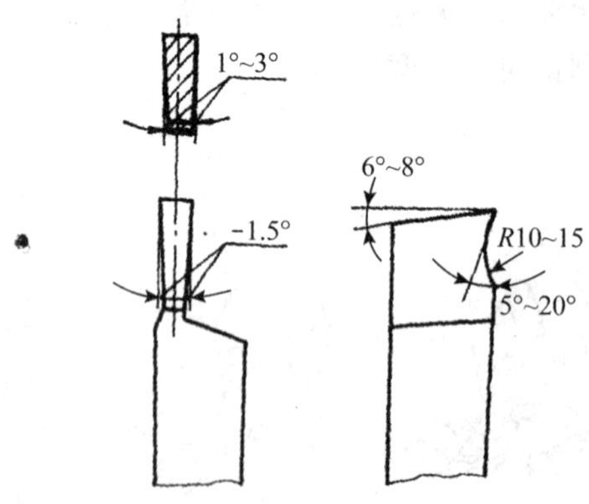

图 7.1.6　高速钢切槽刀几何角度

(2) 切槽刀的刃磨方法（见图 7.1.7）。

①刃磨左侧副后角：两手握刀，车刀前面向上［见图 7.1.7(a)］，同时磨出左侧副后角和副偏角。

②刃磨右侧副后角：两手握刀，车刀前面向上［见图 7.1.7(b)］，同时磨出右侧副后角和副偏角。

③刃磨主后面［见图 7.1.7(c)］，同时磨出主后角。

④刃磨前面和前角：车刀前面对着砂轮磨削表面［见图 7.1.7(d)］。

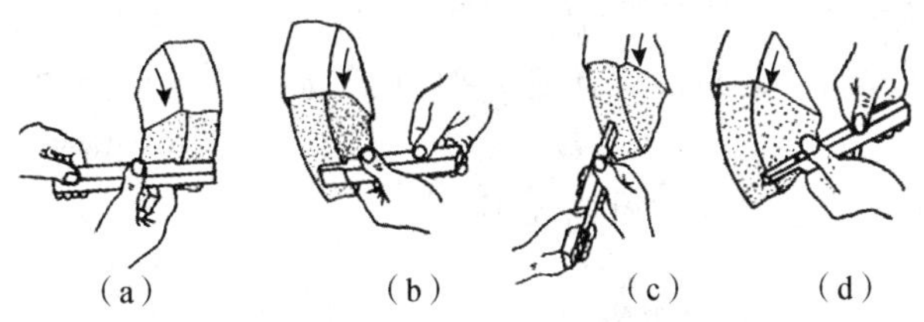

图 7.1.7 切断刀的刃磨步骤及方法

(3) 容易产生的问题和注意事项。

①切槽刀的卷屑槽不宜磨得太深（一般 0.75～1.5 mm），以免刀头强度降低而折断。更不能把前面磨低或磨成台阶形［见图 7.1.8(c)］，这种刀切削不顺利，排屑困难，切削负荷大增，刀头容易折断。

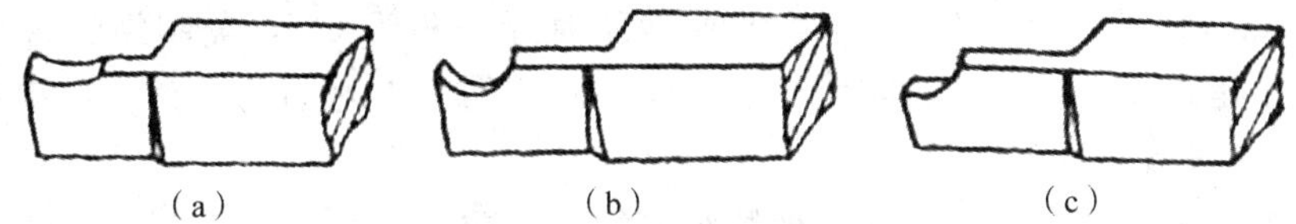

图 7.1.8 前角的正确与错误示意图

(a) 正确 (b) 错误 (c) 错误

②刃磨车槽车刀的两侧副后角时，应以车刀的底面为基准，用钢直尺或 90°角尺检查［见图 7.1.9(a)］，图 7.1.9(b)副后角一侧有负值，切断时要与工件侧面摩擦。图 7.1.9(c)两侧副后角的角度太大，刀头强度差，切断时易折断。

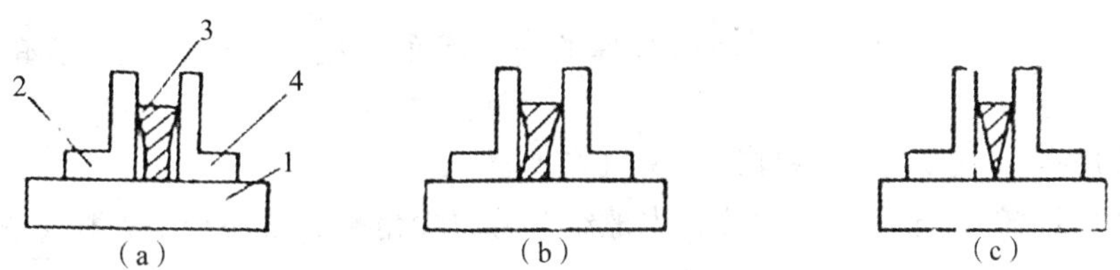

图 7.1.9 用 90°角尺检查切断刀的副后角

(a) 正确 (b) 错误 (c) 错误

③刃磨车槽刀的副偏角时，要防止下列情况产生：图 7.1.10 (a) 副偏角太大，刀头强度容易变差，容易折断；图 7.1.10(b)副偏角呈负值不能用直进法切削；图 7.1.10(c)副刀刃不平直，不能以直接法切割；图 7.1.10(d)车刀左侧磨去太多，不能切割有高台阶的工件。

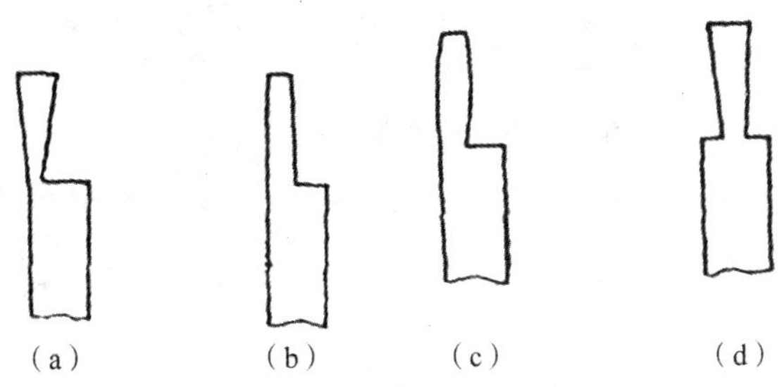

图 7.1.10 切断刀副偏角的几种错误磨法

④高速钢车刀刃磨时，应随时冷却，以防退火。

⑤刃磨切槽刀（或切断刀）时，通常左侧副后面磨出即可，刀宽的余量应放在车刀右侧磨去。

⑥主刀刃与两侧副刀刃之间应对称和平直。

3. 内、外三角形螺纹车刀的刃磨

要车好螺纹（Screw thread），必须正确刃磨螺纹车刀，螺纹车刀按加工性质属于成形刀具。其切削部分的形状应当和螺纹牙型的轴向剖面形状相符合。即车刀的刀尖（Knifepoint）角应该等于牙型角。

1）三角形螺纹车刀的几何角度

（1）刀尖角应等于牙型角。车削普通螺纹时牙型角为 60°，英制螺纹时牙型角为 55°。刀尖角是螺纹车刀的纵向前角等于 0°时，两侧切削刀之间的夹角。牙型角是螺纹牙型上，相邻两牙侧间的夹角。

（2）前角一般为 0°～15°。因为螺纹车刀的纵向前角对牙型角有很大影响，所以精车时或精度要求高的螺纹，径向前角取得小些（0°～5°）。

（3）后角一般为 5°～10°。因受螺纹升角的影响，进刀方向一面的后角应磨得稍大些。但大直径、小螺距的三角螺纹，这种影响可忽略不计。

2）三角形螺纹车刀的刃磨

（1）刃磨要求。

①根据粗、精车的要求，刃磨出合理的前、后角。粗车刀前角大、后角小，精车刀则前角小，后角大。

②车刀的左右刀刃必须是直线，无崩刃。

③刀尖不歪斜，牙型半角相等，内螺纹车刀刀尖角平分线必须与刀杆垂直。

④内螺纹车刀后角应适当大些。

（2）刀尖角的检查。为了保证磨出准确的刀尖角，在刃磨时可用螺纹角度样板测量（见图 7.1.11），测量时把刀尖角与样板贴合，对准光源，仔细观察两边贴合的间隙，并进行修磨，对于其有纵向前角的螺纹车刀测量时样板应与车刀底面平行，用透光法检查（见图 7.1.12），这样量出的角度近似于牙型角。

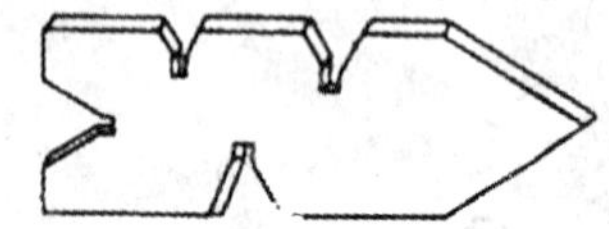

图 7.1.11　三角形螺纹对刀样板

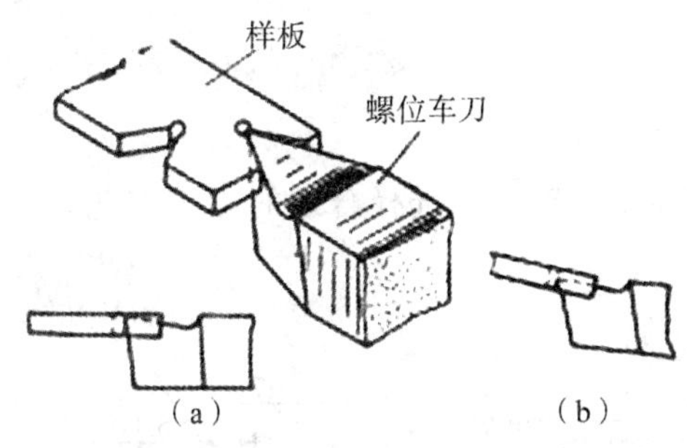

图 7.1.12 用特制样板测量修正法

(a) 正确检测 (b) 错误检测

(3) 刃磨加工步骤（几何角度如图 7.1.13 所示）。

①粗磨主、副后面（刀尖角初步形成）。

②粗磨、精磨前面或前角。

③精磨主、副后角，刀尖角用样板检查修正。

车刀刀尖宽度一般为 0.1×螺距。

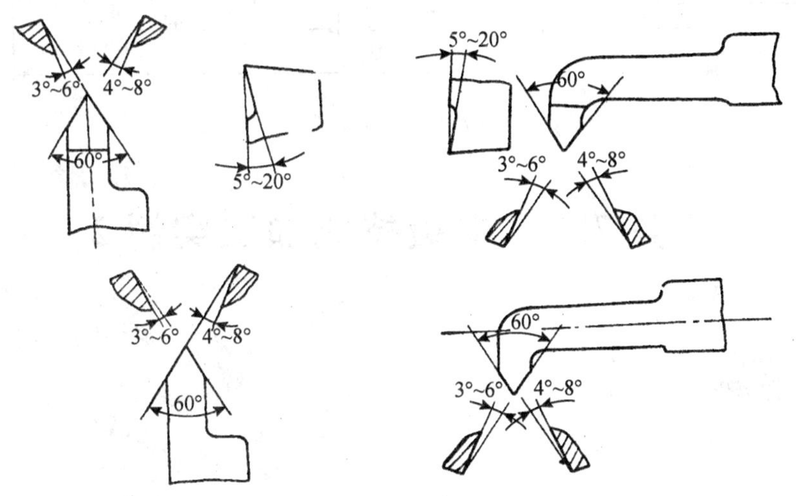

图 7.1.13 螺纹刀几何角度

3）容易产生的问题和注意事项

(1) 磨刀时，人站立的位置要正确，特别刃磨整体式内螺纹车刀内侧时，不小心就会使刀尖磨歪。

(2) 刃磨高速钢车刀时，宜选用 80＃氧化铝砂轮，磨刀时压力应小于一般车刀并及时蘸水冷却，以免过热而刀头退火。

(3) 粗磨时也要用样板检查刀尖角，若磨有纵向前角的螺纹车刀，粗磨后的刀尖角略大于牙型角，待磨好前角后再修正刀尖角。

(4) 刃磨螺纹车刀的刀刃时，要稍带移动，这样容易使刀刃平直。

(5) 车刀刃磨时应注意安全。

拓展练习

如图 7.1.14 所示零件图，现要求选择合理的加工工艺，进行工艺卡片的编制和零件的编程。

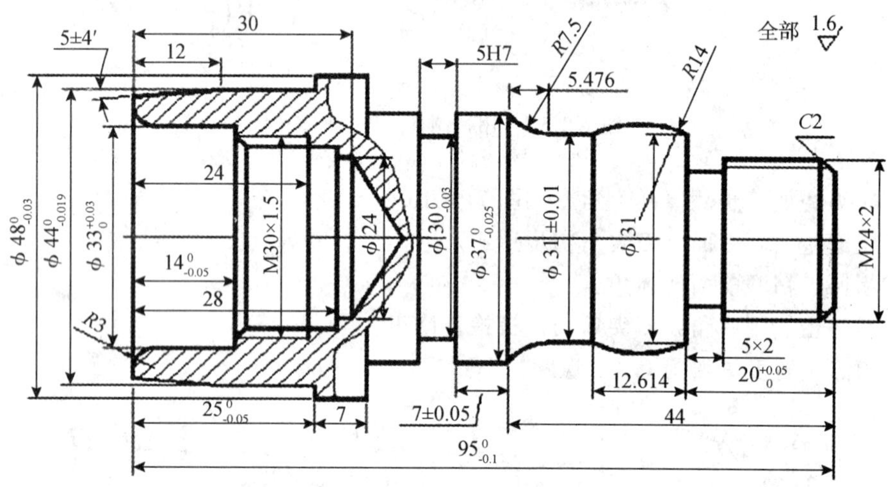

图 7.1.14 轴套件

任务 7.2 中级技能加工实例 2

任务目标

1. 知识目标

（1）掌握轴、套类零件各轮廓要素的编程与加工方法。

（2）掌握配合件零件数控车削加工工艺设计。

（3）掌握零件加工切削用量的选用原则。

（4）熟练掌握尺寸精度、形状位置公差和表面粗糙度的控制方法和确保方法。

2. 能力目标

（1）能正确分析轴类零件的工艺性。

（2）能进行轴类零件加工刀具的选择、切削用量的选用及刀具参数的设定。

（3）能正确应用加工循环指令。

（4）能正确制定配合件的车削加工方法。

(5) 能编写零件的加工程序。

(6) 能正确进行零件的精度检测、配合精度的检测、数控处理及加工结果的判断。

(7) 能提交产品及工艺文件。

任务描述

1. 零件图样

零件图样如图 7.2.1 所示。

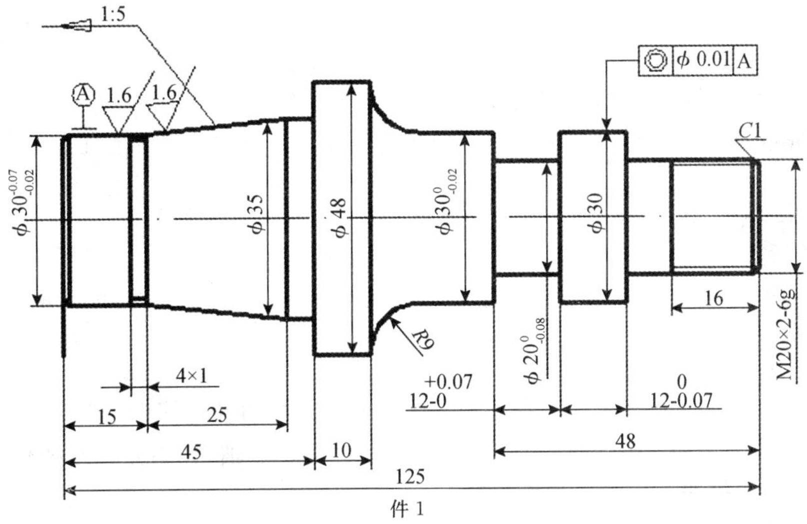

技术要求：

(1) 不允许使用纱布和锉刀修饰表面

(2) 未注明倒角 1×45°

(3) 涂色检查互配部分接触面积不得小于 60%

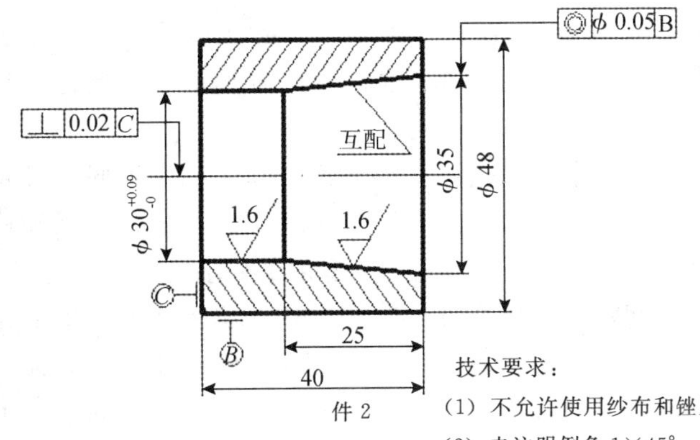

技术要求：

(1) 不允许使用纱布和锉刀修饰表面

(2) 未注明倒角 1×45°

(3) 涂色检查互配部分接触面积不得小于 60%

图 7.2.1　轴、套配合件

2. 工作条件

（1）生产纲领：单件。

（2）毛坯：轴毛坯下料长为 ϕ50 mm×128 mm。套毛坯下料长为 ϕ50 mm×44 mm。材料：45 钢。

（3）作业时间：90 min。

3. 工作要求

（1）工件经加工后，各尺寸符合图样要求。

（2）工件经加工后，几何公差符合图样要求。

（3）工件经加工后，表面粗糙度符合图样要求。

（4）正确执行安全技术操作规程。

（5）按企业有关文明生产规定，做到保持工作场地整洁，工件、工具摆放整齐。

1. 图样分析

该零件属于轴套配合件。其主要技术要求为：不许用纱布锉刀修整表面。左端 ϕ30 的外圆对右端 ϕ30 的外圆的同轴度公差为 0.01 mm，轴套内径与外径的同轴度为 0.05 mm，中心轴线与左端面的垂直度为 0.02 mm。

（1）尺寸精度。轴是轴类零件的主要表面，它影响轴的回转精度及工作状态。轴颈的直径精度根据其使用要求通常为 IT6～IT9，精密轴颈可达 IT5。套的外径精度相对于内径精度来说邀相对高一些。

该零件总长度为 125 mm，ϕ20 的槽上偏差为 0，下偏差为 0.08 精度要求非常高。ϕ30 外圆的上偏差为 0，下偏差为－0.02。最左端外圆直径为 30。上偏差为－0.07，下偏差为－0.02。套的总长度为 40 mm。套的小径为 30，上偏差为 0.09 下偏差为 0。套与轴的配合处的公差为正负 0.06。

（2）表面粗糙度的要求。根据零件的表面工作部位的不同，可有不同的表面粗糙度。例如，普通机床主轴支承轴颈的表面粗糙度为 Ra1.6～6.3 μm。随着机器运转速度的增大和精密度的提高，轴类零件表面粗糙度值要求也将越来越小。

该零件表面粗糙度除了配合处的公差为 1.6 μm，另外均为 3.2 μm。

（3）位置精度的要求。位置精度主要是指装配传动件的配合轴颈相对于装配轴承的支承轴颈的同轴度，通常是用配合轴颈对支承轴颈的径向同轴度来表示。根据使用要求，规定高精度为 0.001～0.005 mm，而一般精度的轴为 0.01～0.03 mm。

如件 1、件 2 所示，ϕ30 mm 的同轴度公差为 0.05 mm，ϕ30 mm 的内径与套的断面的垂直度为 0.02 mm。

2. 工件的装夹与定位

数控车床上零件的安装方法与普通车床一样，要合理选择定位基准和夹紧方案，主要注意以下两点：

(1) 力求设计、工艺与偏程计算的基准统一，这样有利于提高编程时数值计算的简便性和精确性。

(2) 尽量减少装夹次数，尽可能在一次装夹后，加工出全部待加工面。

根据零件的尺寸、精度要求和生产条件选择最常用的车床通用的三爪自定心卡盘(见图 9.3.2)。三爪自定心卡盘可以自定心，夹持范围大，适用于截面为圆形、三角形、六边形的轴类和盘类上小型零件。

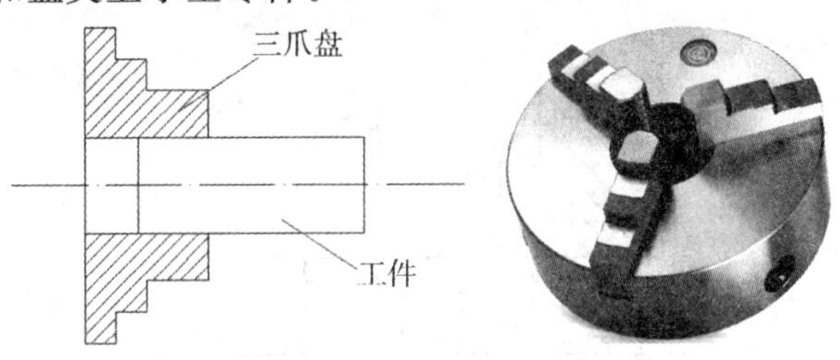

图 7.2.2　三爪自定心卡盘

3. 加工方案、走刀路线

(1) 确定加工方案。经过分析零件的尺寸精度、几何形状精度、位置精度和表面粗糙度要求，作出以下加工方案。

①先加工轴，然后对套进行加工。

②加工套的外圆，然后加工内孔。

③先加工轴的右端（见图 7.2.3)。

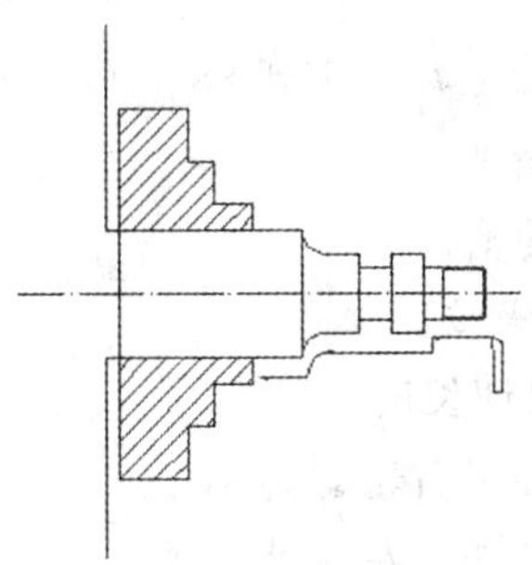

图 7.2.3　加工轴的右端

④然后加工轴的左端，其走刀路线（见图 7.2.4)。

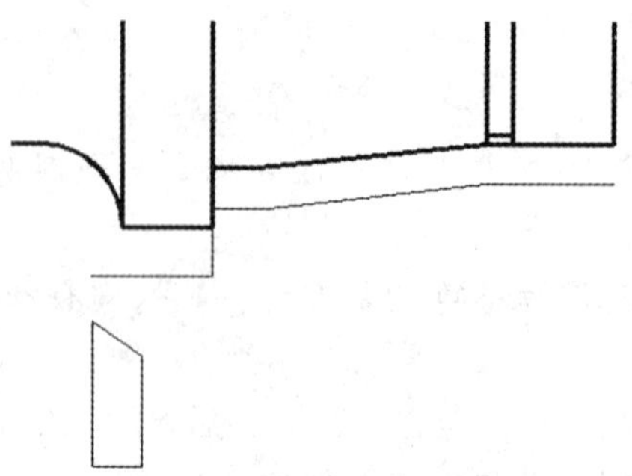

图 7.2.4　加工轴的左端

⑤然后再加工轴套（见图 7.2.5）。

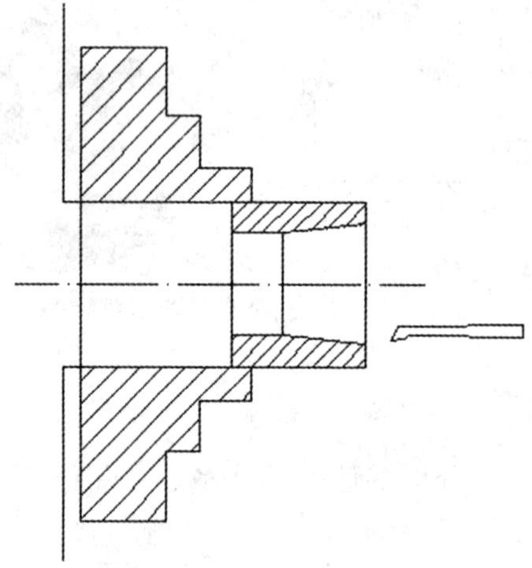

图 7.2.5　加工轴套

(2) 确定加工路线。加工路线如下：

①平右端面。

②用 G71 循环粗加工指令加工右轮廓到 88。

③用 G70 精加工指令进行精加工。

④然后用 G75 指令切 ϕ20 的槽。

⑤用 G92 指令加工 M20 的螺纹。

⑥调头加工左端轴、并且保证长度。

⑦用 G71 循环粗加工指令加工右轮廓到 46。

⑧用 G70 精加工指令进行精加工左端外轮廓。

⑨用 G75 切槽。

⑩取下轴、对套筒进行加工。

⑪夹住毛坯右端，手动车削端面，程序加工外圆。

⑫调头加工毛坯左端，并在保证长度的情况下车削端面。

⑬手动钻 ϕ24 的内孔。

⑭编程自动镗内孔到 Z−42。

⑮对工件进行测量，取下工件，收拾工具，进行总结。

温馨提示

加工路线是指数控机床加工过程中，刀具相对零件的运动轨迹和方向。具体要求如下：

①应能保证加工精度和表面粗糙要求。

②应尽量缩短加工路线，减少刀具空行程时间。

③选择切入切出方向，尽量减少在轮廓加工切削过程中的暂停（切削力突然变化造成弹性变形），以免留下刀痕。

④应尽量简化数学处理时的数值计算工作量，以减少编程工作量。

4. 刀具及工、量具的选择

（1）刀具的选择。车床主要用于回转表面的加工，如内/外圆柱面、圆锥面、圆弧面、螺纹、内孔加工等的切削加工。数控车削常用的车刀一般分为三类，即尖形车刀、圆弧车刀和成形车刀。

本例主要以外圆加工为主。选择硬质合金车刀，需要 45°端面车刀、90°外圆刀、4 mm切断刀、螺纹刀、钻头、镗孔车刀。

加工零件为配合件，需要加工内孔，利用钻头直径 ϕ20 的钻头加工。

温馨提示

为了满足加工要求，刀具配备时应注意以下几个问题：

①在可能的范围内，使被加工工件的形状、尺寸标准化，从而刀具的种类，实现不换刀或少换刀，以缩短准备和调整时间。

②使刀具规格化和通用化，以减少刀具的种类，便于刀具管理。

③尽可能草用可转位刀片，磨损后只需更换刀片，增加了刀具的互换性。

④在设计或选择刀具时，应尽量采用高效率、断屑及排屑性能好的刀具。

（2）工、量具的选择。量具的选择应考虑与被测工件的外形，位置，被测尺寸的大小，尺寸公差相适应，每份量具一把（或一套）其选择如下：

游标卡尺（0～150 mm，0.02 mm）：测量轮廓的基本尺寸。

外径千分尺（0～25 mm，25～50 mm）：测量凸台的基本尺寸。

内径千分尺（0～25 mm，25～50 mm）：测量孔的直径。

圆弧样板（R9 mm）：测量圆弧半径。

M20×2-6g 螺纹塞环规一套。

5. 切削用量的选择

数控车床加工中的切削用量包括：背吃刀量，切削速度（主轴转速），进给速度或进给量。切削用量的大小对切削力，切削功率，刀具磨损，加工质量和加工成本均有显著影响，对不同的加工方法，须选择不同的切削用量，并编入程序中。

切削用量的选择原则：粗加工时一般以提高生产效率为主，但也考虑经济型和加工成本，半精加工和精加工时应在保证该加工质量的前提下兼顾切削效率，经济型和加工成本具体参数根据机床说明书和切削用量手册。

（1）确定背吃刀量 a_p。背吃刀量的大小主要依据机床、夹具、刀具和工件组成的工艺系统的刚度来决定，在系统刚度答应的情况下，为保证以最少的进给次数去除毛坯的加工余量，根据被加工零件的余量确定分层切削深度，选择较大的背吃刀量，以提高生产效率。在数控加工中，为保证零件必要的加工精度和表面粗糙度，一般留少量的余量（0.2～0.5mm），在最后的精加工中沿轮廓走一刀。粗加工时，除了留有必要的半精加工和精加工余量外，在工艺系统刚性答应的条件下，应以最少的次数完成粗加工。留给精加工的余量应大于零件的变形量和确保零件表面完整性。

综合考虑得到：粗加工时选取 2.0 mm 的背吃刀量；精加工余量取 0.1～0.2 mm。

（2）确定主轴转速 n。主轴转速应根据允许的切削速度和工件（或刀具）直径来选择。外圆车削及其计算公式为：

$$n=1\,000v/\pi D$$

式中，v——切削速度（m/min），由刀具的耐用度决定。

n——主轴转速（r/min）。

D——工件直径或刀具直径（mm）。

而车螺纹时的主轴转速如下：

$$n<\frac{1\,200}{P}-k$$

式中，P——工件螺纹的螺距或导程（mm）。

k——保险系数，一般取 75～85 之间的值。

计算的主轴转速 n 最后要根据机床说明书选取机床有的或较接近的转速。

切削速度 v_c 与刀具耐用度关系比较密切，随着 v_c 的加大，刀具耐用度将急剧下降，故 v_c 的选择主要取决于刀具耐用度。

主轴转速 n 确定后，必须按照数控机床控制系统所规定的格式写入数控程序中。在实际操作中，操作者可以根据实际加工情况，通过适当调整数控机床控制面板上的主轴转速倍率开关，来控制主轴转速的大小，以确定最佳的主轴转速。

综上所述：切削零件外圆时主轴转速粗加工转速为 500 mm/r，精加工转速为 1 200 mm/r。螺纹转速为 700 mm/r。

（3）进给量或进给速度的选择 f。进给速度 f 是切削时单位时间内零件与铣刀沿进给方向的相对位移量，单位为 mm/r 或 mm/min。

进给量或进给速度在数控机床上使用进给功能字 F 表示的，F 是数控机床切削用量中的一个重要参数，主要依据零件的加工精度和表面粗糙度要求，以及所使用的刀具和工件材料来确定。零件的加工精度要求越高，表面粗糙度要求越低时，选择的进给量数值就越小。实际中，应综合考虑机床、刀具、夹具和被加工零件精度、材料的机械性能、曲率变化、结构刚性、工艺系统的刚性及断屑情况，选择合适的进给速度。

所以，此处我们应当根据经验和粗精加工而定，粗加工选取 F2.0 左右，精加工选取 F0.1 左右。精加工时选取较少的加工余量 F0.2～0.3。

任务实施

1. 数控加工工序卡的编制

(1) 数控加工工序卡（见表 7.2.1～表 7.2.3）。

表 7.2.1　数控加工工序卡

数控加工工序卡		产品名称	零件图号		夹具名称		工序号
工步号	工步内容	轴	7.2.1		三爪自定心卡盘		01
		切削用量			刀具		备注
		主轴转速 n/（r/min）	进给速度 f/（mm/r）	背吃刀量 a_p/mm	编号	名称	
1	车右端面	500	—	—	T01		
2	粗车轴右端外轮廓	500	0.25	2.0	T01		
3	精车轴右端外轮廓	1 200	0.15	0.3	T01		
4	切槽	450	0.2	1.0	T02		
5	车螺纹	700			T03		
编制		审核		批准		共　页	第　页

表 7.2.2　数控加工工序卡

数控加工工序卡		产品名称	零件图号		夹具名称		工序号
工步号	工步内容	轴	7.2.1		三爪自定心卡盘		01
		切削用量			刀具		备注
		主轴转速 n/（r/min）	进给速度 f/（mm/r）	背吃刀量 a_p/mm	编号	名称	
1	调头保证长度	450	0.3	2.0	T01		
2	粗车车左端轮廓	500	0.2	2.0	T01		
3	精车左端轮廓	1 200	0.2	2.0	T01		
4	切槽	450		1.0	T02		
编制		审核		批准		共　页	第　页

表 7.2.3　数控加工工序卡

<table>
<tr><td colspan="2">数控加工工序卡</td><td>产品名称</td><td colspan="2">零件图号</td><td colspan="2">夹具名称</td><td>工序号</td></tr>
<tr><td rowspan="3">工步号</td><td rowspan="3">工步内容</td><td>轴</td><td colspan="2">7.2.1</td><td colspan="2">三爪自定心卡盘</td><td>01</td></tr>
<tr><td colspan="3">切削用量</td><td colspan="2">刀具</td><td rowspan="2">备注</td></tr>
<tr><td>主轴转速
n/（r/min）</td><td>进给速度
f/（mm/r）</td><td>背吃刀量
a_p/mm</td><td>编号</td><td>名称</td></tr>
<tr><td>1</td><td>粗车套外圆</td><td>500</td><td>0.2</td><td>2.0</td><td>T01</td><td></td><td></td></tr>
<tr><td>2</td><td>精车套外圆</td><td>1 200</td><td>0.2</td><td>0.3</td><td>T01</td><td></td><td></td></tr>
<tr><td>3</td><td>钻孔</td><td>400</td><td>—</td><td>—</td><td></td><td></td><td>手动</td></tr>
<tr><td>4</td><td>车削内孔</td><td>500</td><td>0.2</td><td></td><td>T04</td><td></td><td></td></tr>
<tr><td>编制</td><td></td><td>审核</td><td></td><td>批准</td><td></td><td>共　页</td><td>第　页</td></tr>
</table>

（2）数控加工刀具卡（见表 7.2.4）。

表 7.2.4　数控加工刀具卡

<table>
<tr><td rowspan="3">序号</td><td rowspan="3">刀具名称</td><td colspan="3">刀具清单</td><td colspan="2">共 1 页　第 1 页</td></tr>
<tr><td colspan="4">刀具规格</td><td rowspan="2">备注</td></tr>
<tr><td>刀柄规格</td><td>代号</td><td>刀片规格</td><td>刀尖半径</td></tr>
<tr><td>1</td><td>90°度外圆刀</td><td>25×25</td><td>T0101</td><td>硬质合金</td><td>0.4</td><td>车外轮廓</td></tr>
<tr><td>2</td><td>4 mm 切槽刀</td><td>25×25</td><td>T0202</td><td>硬质合金</td><td>0.4</td><td>切 4 mm 宽槽</td></tr>
<tr><td>3</td><td>60°螺纹车刀</td><td>25×25</td><td>T0303</td><td>硬质合金</td><td>B=4 mm</td><td>车削螺纹</td></tr>
<tr><td>4</td><td>镗孔刀</td><td>25×25</td><td>T0404</td><td>硬质合金</td><td>0.4</td><td>内孔镗削</td></tr>
<tr><td>5</td><td>钻头</td><td>ϕ20</td><td>T0505</td><td></td><td></td><td>钻孔</td></tr>
<tr><td>6</td><td>45 端面车刀°</td><td>25×25</td><td>T0606</td><td></td><td></td><td>平端面</td></tr>
</table>

2. 加工程序的编制

编制数控程序时，首先要建立一个工件坐标系，程序中的坐标值均以此坐标为依据。工件坐标系是编程人员在编程时使用的，编程人员选择工件上的某一已知点为原点，建立一个新的坐标系，称为工件坐标系（也称变成坐标系）。工件坐标系一旦建立便一直有效，直到被新的坐标系所取代。

坐标原点选择尽量满足编程简单，尺寸换算少，引起的加工误差小等条件，为了编程方便一般将工件坐标系设在工件上，并将坐标原点设在图样的设计基准和工艺基准处，其坐标原点称为工件原点（或加工远点）。

工件原点是人为设定的从理论上讲工件原点选在任何位置都是可以的，但实际为编程方便以及各尺寸较为直观，数控车床原点一般设在主轴中心线与工件左端面或右端面交点处。

程序清单如表 7.2.5～表 7.2.10 所示。

表 7.2.5　件 1 右端外圆车削程序

序　号	01	零件图号	7.2.1	编程原点	工件右端面与中心轴线交点
程序号	O0001	数控系统	FANUC-0i	编　制	件 1 右端外圆车削程序
程　序			注　释		
O0001；			程序名		
N10 M03 S500 T0101；			主轴正转，转速为 500 r/min，换 1 号外圆车刀，导入 1 号刀补		
N20 M08；			切削液开		
N30 G00 X52 Z2；			快速到达循环起点		
N40 G71 U2.0 R1.5；			循环粗车右端外圆，加工路线为 N60～N140，*X* 向精车余量为 0.3 mm，粗加工进给量为 0.2 mm/r		
N50 G71 P60 Q140 U0.3 W0 F0.2；					
N60 G00 G42 X14；			刀具靠近工件起始点，刀补建立		
N70 G01 Z0 F0.1；					
N80 X20 Z−3；			精车右端轮廓描述		
N90 Z−23.92；					
N100 X29.99；					
N110 Z−61；					
N120 G02 X48 Z−70 R9；					
N130 G01 X48 Z−88；					
N140 G01 X50；			径向退刀，取消刀补		
N150 G00 X100；			快速退刀至安全换刀点		
N160 Z100；					
M05 M00；			主轴停止，程序暂停		
N170 M03 S1200 T0101；			主轴正转，转速为 1 200r/min，换 1 号外圆车刀，导入 1 号刀补		
N180 G00 X52 Z2；			快速进刀至循环起点		
N190 G70 P60 Q140 F0.1；			精车右端外圆		
N200 G00 X100；			刀具快速退回至换刀点		
N210 Z100；					

（续表）

序　号	01	零件图号	7.2.1	编程原点	工件右端面与中心轴线交点
程序号	O0001	数控系统	FANUC-0i	编　制	件1右端外圆车削程序
程　序			注　释		
O0001；			程序名		
N220 M05；			主轴停止，程序暂停		
N230 M09；			切削液关闭		
N240 M30；			程序结束并返回程序起点		

表 7.2.6　件1右端螺纹退刀槽车削程序

序　号	02	零件图号	7.2.1	编程原点	工件右端面与中心轴线交点
程序号	O0002	数控系统	FANUC-0i	编　制	件1右端螺纹退刀槽车削程序（左刀点对刀）
程　序			注　释		
O0002；			程序名		
N10 M03 S450 T0202；			主轴正转，转速为450 r/min，换2号外圆车刀，导入2号刀补		
N20 G00 X34 Z−39.96；			快速进刀至循环起点		
N30 G75 R0.1；			径向切槽循环加工		
N40 G75 X19.96 Z−48 P500 Q3500 F0.2；					
N50 G00 X100；			径向退刀		
N60 Z100；			轴向退刀		
N70 M05；			主轴停止		
N80 M30；			程序结束并返回程序起点		

表 7.2.7　件1右端外螺纹车削程序

序号	03	零件图号	7.2.1	编程原点	工件右端面与中心轴线交点
程序号	O0003	数控系统	FANUC-0i	编　制	件1右端外螺纹车削程序
程　序			注　释		
O0003；			程序名		
N10 M03 S650 T0303；			主轴正转，转速为650 r/min，换3号外圆车刀，导入3号刀补		
N20 G00 X22 Z−2；			螺纹切削循环起点		
N30 G92 X19.4 Z−16 F2.0；			螺纹切削循环指令		
N40 X18.8；			螺纹车削第1刀		

（续表）

序号	03	零件图号	7.2.1	编程原点	工件右端面与中心轴线交点
程序号	O0003	数控系统	FANUC-0i	编　制	件1右端外螺纹车削程序
程　序			注　释		
O0003；			程序名		
N50 X18.3；			螺纹车削第2刀		
N60 X17.8；			螺纹车削第3刀		
N70 X17.5；			螺纹车削第4刀		
N80 X17.4；			螺纹车削第5刀		
N90 G00 X100；			径向退刀		
N100 Z100；			轴向退刀		
N120 M09；			切削液关闭		
N130 M05；			主轴停止		
N140 M30			程序结束并返回程序起点		

表7.2.8　件1左端外圆车削程序

序号	04	零件图号	7.2.1	编程原点	工件右端面与中心轴线交点
程序号	O0004	数控系统	FANUC-0i	编　制	件1左端外圆车削程序
程　序			注　释		
O0004			程序名		
N10 M03 S600 T0101；			主轴正转，转速600r/min，选择1号刀具，导入1号刀补		
N20 M08；			冷却液开		
N30 G00 X52 Z2；			快速点定位，工件加工起始点，		
N40 G71 U2.0 R1.5；			循环粗车右端外圆，加工路线为N60～N140，*X*向精车余量为0.3 mm，粗加工进给量为0.2 mm/r		
N50 G71 P60 Q140 U0.3 W0 F0.2；					
N60 G00 G42 X27.05；			刀具靠近工件起始点，刀补建立		
N70 G01 Z0 F0.1；					
N80 X29.05 Z−1；			精车左端外圆描述		
N90 Z−15；					
N100 X35 Z−40；					
N110 Z−45；					
N120 X46；					
N130 X48 Z−46；					
N140 G40 X52；			径向退刀，取消刀补		
N150 G00 X100；			快速退刀至安全换刀点		
N160 Z100；					

（续表）

序号	04	零件图号	7.2.1	编程原点	工件右端面与中心轴线交点
程序号	O0004	数控系统	FANUC-0i	编　制	件1左端外圆车削程序
程　序			注　释		
O0004			程序名		
N170 M05 M09；			主轴停止，切削液关闭		
N180 M00；			程序暂停		
N190 M03 S1200 M08 T0101；			主轴正转，转速1 200 r/min，切削液开启，调用1号刀具，建立1号刀补		
N200 G00 X50 Z2；			快速点定位，工件精车起始点		
N210 G70 P60 Q140 F0.2；			精车左端外圆		
N220 G00 X80；			径向退刀		
N230 Z100；			轴向退刀		
N240 M05 M09；			主轴停转，冷却液关		
N250 M30；			程序结束，返回程序头		

表 7.2.9　件1左端外沟槽

序号	05	零件图号	7.2.1	编程原点	工件右端面与中心轴线交点
程序号	O0005	数控系统	FANUC-0i	编　制	件1左端外沟槽（左刀点对刀）
程　序			注　释		
O0005；			程序名		
N10 M03 S450 M08 T0202；			主轴正转，转速为450 r/min，冷却液开，换2号外圆车刀，导入2号刀补		
N20 G00 X33 Z−15；			快速进刀至循环起点		
N30 G75 R0.1；			径向切槽循环加工		
N40 G75 X27.05 Z−15 P500 Q1000 R0 F0.2；					
N50 G00 X100；			快速退刀至安全换到点		
N60 Z100；					
N70 M09；			冷却液关		
N80 M05；			主轴停止		
N90 M30；			程序结束，返回程序头		

表 7.2.10　件 2 内孔加工程序

序号	06	零件图号	7.2.1	编程原点	工件右端面与中心轴线交点
程序号	O0006	数控系统	FANUC-0i	编　制	件 2 内孔加工程序

程　序	注　释
O0006;	程序名
N05 M03 S600 T0404;	主轴正转，转速 600 r/min，选择 4 号刀具，导入 4 号刀补
N06 M08;	冷却液开
N10 G00 X22 Z2;	快速点定位，工件循环加工起刀点
N20 G71 U2.0 R1.5;	内轮廓粗车循环加工
N30 G71 P25 Q40 U−0.2 W0.1 F0.2;	
N40 G00 X24;	刀具靠近工件起始点，刀补建立
N50 G01 Z0 F0.1;	
N60 X30.04 Z−25;	精加工轮廓描述
N70 Z−42;	
N80 G00 Z100;	快速退刀至安全换刀点
N90 X100;	
N100 M05;	主轴停转
N110 M00;	程序暂停
N120 M03 S1200;	主轴正转，转速 1 200r/min
N130 G00 X22 Z2;	快速移动刀具至起刀点
N140 G70 P25 Q40 F0.1;	内轮廓精车加工
N150 M09;	冷却液关
N160 G00 Z100;	快速退刀至安全点
N170 X100;	
N180 M05;	主轴停转
N190 M30;	程序结束，返回程序头

3. 数控加工

（1）检查毛坯料尺寸。

（2）使用钢直尺测量毛坯件尺寸，要求轴毛坯尺寸为 ϕ50 mm×128 mm，套毛坯尺寸为 ϕ50 mm×44 mm。

（3）开机。

（4）返回参考点。

（5）装夹工件。

（6）安装刀具。
（7）对刀。
（8）程序输入与程序调试。
（9）试运行。
（10）自动加工及尺寸控制。
（11）去除毛刺。
（12）质量检验。
（13）后续工作。

1. 检验内容分析

本任务零件质量检验包括：内、外圆直径的测量；端面和台阶的测量；圆角的测量；螺纹的检测。

2. 测量工具

游标卡尺（0～150 mm，0.02 mm）：测量轮廓的基本尺寸。
外径千分尺（0～25 mm，25～50 mm）：测量凸台的基本尺寸。
内径千分尺（0～25 mm，25～50 mm）：测量孔的直径。
圆弧样板（*R*9 mm）：测量圆弧半径。
M20×2-6g 螺纹塞环规一套。

3. 零件质量检验表

零件尺寸检查内容如表 7.2.11 所示。

表 7.2.11 零件尺寸检查内容

序号	配分	自检要素				检测 允许=±0.03		备注		
		直径/长度/*Ra*	基本尺寸	上偏差	下偏差	直径/长度/*Ra*	实测值	测量工具	工件名称	评分标准
1	5	ϕ	48	0	−0.016	ϕ		25～50 mm 外径千分尺	件 1	超差 0.01 扣 1 分
2	5	ϕ	35	0	−0.016	ϕ		25～50 mm 外径千分尺	件 1	超差 0.01 扣 1 分
3	5	ϕ	30（三处）			ϕ		25～50 mm 外径千分尺	件 1	超差 0.01 扣 1 分
4	5	ϕ	20（两处）					25～50 mm 外径千分尺	件 1	超差 0.01 扣 1 分

（续表）

序号	配分	自检要素				检测 允许=±0.03		备　　注		
		直径/长度/Ra	基本尺寸	上偏差	下偏差	直径/长度/Ra	实测值	测量工具	工件名称	评分标准
5	5	ϕ	48	0	−0.016	ϕ		25～50 mm 外径千分尺	件 2	超差 0.01 扣 1 分
6	5	ϕ	30	IT12				内径千分尺	件 2	超差 0.01 扣 1 分
7	5	M	20×2			M		环规一套		
8	5	L	125	+0.05	−0.05	L		0～150 mm 带表卡尺	件 1	超差 0.01 扣 1 分
9	5	L	48	+0.015	−0.015	L		0～150 mm 带表卡尺	件 1	超差 0.01 扣 1 分
10	5	L	45	+0.015	−0.015	L		0～150 mm 带表卡尺	件 1	超差 0.01 扣 1 分
11	5	L	10	+0.015	−0.015	L		0～150 mm 带表卡尺	件 1	超差 0.01 扣 1 分
12	5	L	15	+0.015	−0.015	L		0～150 mm 带表卡尺	件 1	超差 0.01 扣 1 分
13	5	L	12	+0.07	0	L		0～150 mm 带表卡尺	件 1	超差 0.01 扣 1 分
14	5	L	12	0	−0.07	L		0～150 mm 带表卡尺	件 1	超差 0.01 扣 1 分
15	5	L	40	+0.05	−0.05	L		0～150 mm 带表卡尺	件 2	超差 0.01 扣 1 分
16	5	L	25	+0.07	0	L		0～150 mm 带表卡尺	件 2	超差 0.01 扣 1 分
17	5	R	9					R 规	件 2	
18	5	表面粗糙度								
19	5	锐边倒钝								
20	5	操作规范有创意								
安全文明生产		①安全正确操作设备 ②工作场地整洁，工件、量具、夹具等器具摆放整齐规范 ③做好事故防范措施，填写交接班记录，并将出现的事故发生原因、过程及处理结果记入运行档案 ④做好环境保护 每违反一项从总分扣除 2 分，发生重大事故者取消成绩并赔偿相应的损失。扣分不超过 10 分								
总计分数		100				总得分数				

4. 任务评价

任务评价如表 7.2.12 所示。

表 7.2.12　任务评价

序号	任务目标	相关内容	相关要求	学生自评	教师评价	实训效果
1	掌握配合类零件进行数控车削加工工艺分析并制定工艺规程	分析零件图样技术要求和制定加工工艺方案案例	能看懂零件图，学会设计加工工艺			
2	掌握选择配合类零件数控车削加工所用刀具材料及配合刀具几何参数的合理选择	车削刀具的认知与刀具的选择方法	能正确合理的选择车削刀具			
3	能正确合理的确定配合件轴、套表面零件加工切削用量	切削用量三要素的选择及金属切削工艺手册的使用	能根据手册或者实际加工经验合理确定切削用量的选择			
4	掌握配合件轴、套表面的数控车削加工程序的编制及加工操作	数控车床编程的基本概念及零件加工程序的编写	了解编写程序书写的方法与各代码书写格式；能书写较负责的配合零件的加工程序			
		刀位数据处理	能正确计算各刀位点的坐标值			
5	掌握程序校正及加工应用	程序校正及加工检查	掌握正确的校正方法和操作，能判断等程序的正确性			
6	能对配合类零件轴、套表面进行质量评估并能初步分析超差原因	游标卡尺、内径千分尺等的使用方法	掌握配合件表面尺寸的正确测量方法及误差分析			
7	工量具摆放、机床维护与保养	5S 管理	掌握工量具正确、合理的摆放；掌握机床使用后的维护与保养			
8	安全操作	数控车床安全操作规程	养成良好的安全的操作习惯			
9	数车加工熟练度	配合件表面程序编制与车床操作	在规定时间内完成加工任务			

数控车床如何计算并添加磨耗

对于数控车床，在加工生产零件时，由于机床间隙，刀具磨损等原因，往往需要在精加工之前，测量并加补磨耗，而且一般情况都只加 X 方向——即径向磨耗。

对于 FANUC 车床，磨耗添加的是直径方向的差值，计算公式如下：

磨耗值＝理论值（直径）－实测值（直径）

例如：在半精加工后，理论编程直径为 20 mm 轴实际测量直径为 20.1 mm，即所得尺寸偏大，需要向 X 负方向补偿，计算磨耗值＝20－20.1＝－0.1，即需要将－0.1 输入到 X 方向的磨耗之中，以在精加工之时将这个偏差修正过来。

详解实例：车刀刀具磨损修正方法（以外圆车刀为例）

在粗、精外圆车刀所对应刀具磨损中分别留与程序中精加工余量相同的值。比如程序中精加工余量为 0.5 mm，则粗、精外圆车刀刀具磨损中留 0.5 mm。其中：刀具磨损值记为 ΔU，精加工余量记为 ΔX。

操作步骤：刀补→磨损设定→光标移至粗、精车刀所对刀号 X 偏向→回车→输入 ΔU→回车。

换精车刀按程序中的精加工余量对零件进行切削后，暂停程序和主轴，测量零件外圆尺寸记为 d_2。如为 ϕ38.501mm。

计算精车刀刀具磨损修正值的步骤如下。

（1）计算精车刀第一刀切削深度：

$$\Delta d = d_1 - d_2$$

如：$\Delta d = d_1 - d_2 =$（38.987－38.501）mm＝0.486 mm

d_1：粗加工后的理论值，本例的 $d_1 = \phi 38.987$ mm。

含义：程序中理论要求精车刀加工量为 0.5 mm（ΔX），而实际仅加工了 0.486 mm（Δd）。那么少加工的尺寸为 $\Delta X - \Delta d = 0.014$ mm

（2）刀具磨损修正值计算：

$$\Delta U' = \Delta U - [(d_2 - d) + (\Delta X - \Delta d)]$$

其中，d 为零件外圆的极限尺寸的平均值；

$d_2 - d$ 为最后一刀精加工须切削的深度。

本例中的 $d = \phi 37.987$ mm，$d_2 - d =$（38.521－37.987）mm＝0.534 mm。

故该精车刀的刀具磨损修正值为：

$$\begin{aligned}\Delta U' &= \Delta U - [(d_2 - d) + (\Delta X - \Delta d)]\\ &= 0.5\text{ mm} - (0.534 + 0.014)\text{ mm}\\ &= -0.048\text{ mm}\end{aligned}$$

（3）精车刀磨损值输入：刀补→磨损设定→光标移至精车刀所对刀号 X 偏向→回车→输入 $\Delta U'$→回车。

拓展练习

（1）如图 7.2.6 所示零件图，现要求选择合理的加工工艺，进行工艺卡片的编制和零件的编程。

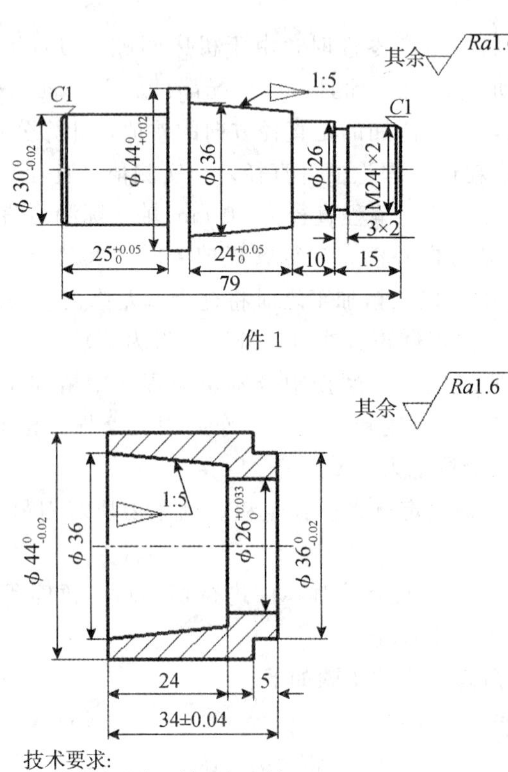

图 7.2.6　轴套配合件

（2）如图 7.2.7 所示零件图，现要求选择合理的加工工艺，进行工艺卡片的编制和零件的编程。

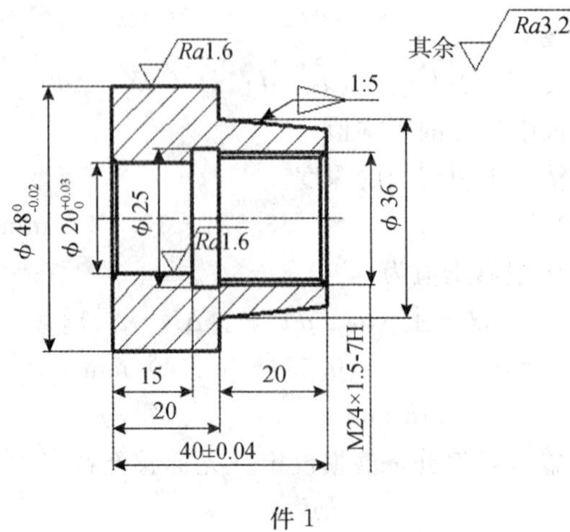

件 1

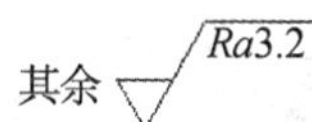

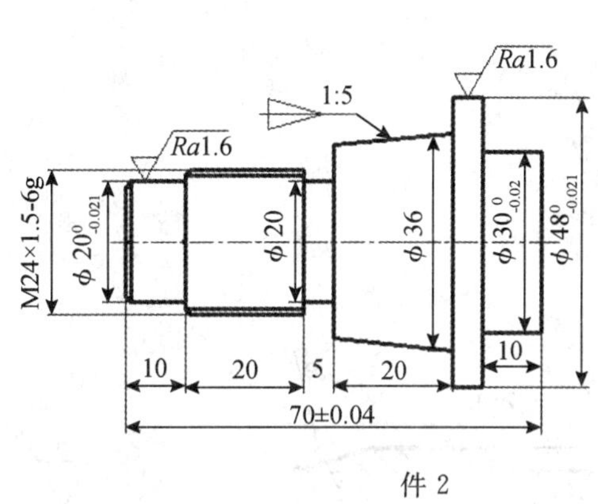

件 2

技术要求：

(1) 件 3 与件 1 和件 2 端面间隙小于 0.05 mm。

(2) 未注倒角为 $C1$。

(3) 外锐边及孔口锐边去毛刺。

(4) 锥面接触面积大于 60%。

图 7.2.7　轴套配合件

任务 7.3　中级技能加工实例 3

任务目标

1. 知识目标

(1) 掌握轴、套类零件各轮廓要素的编程与加工方法。

(2) 掌握配合件数控车削加工工艺设计。

(3) 掌握车削加工切削用量的选用原则。

(4) 掌握数控车床循环加工指令。

2. 能力目标

(1) 能正确分析轴、套类零件的工艺性。

(2) 能进行零件加工刀具的选择、切削用量的选用及刀具参数的设定。

(3) 能正确应用车削零件的加工循环指令。

(4) 能对配合件制定正确、合理的加工方案。

(5) 能正确进行配合件的精度检测、数控处理及加工结果的判断。

(6) 能提交产品及工艺文件。

任务描述

1. 零件图样

零件图样如图 7.3.1 所示。

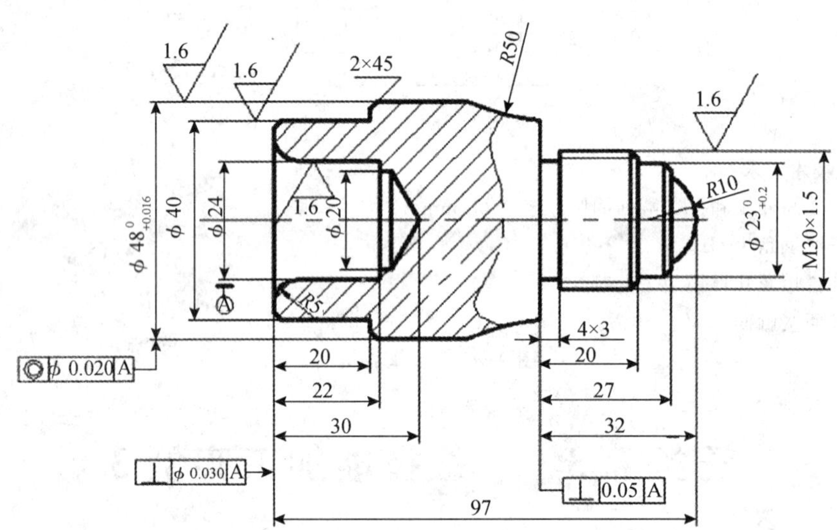

件 1　轴类零件

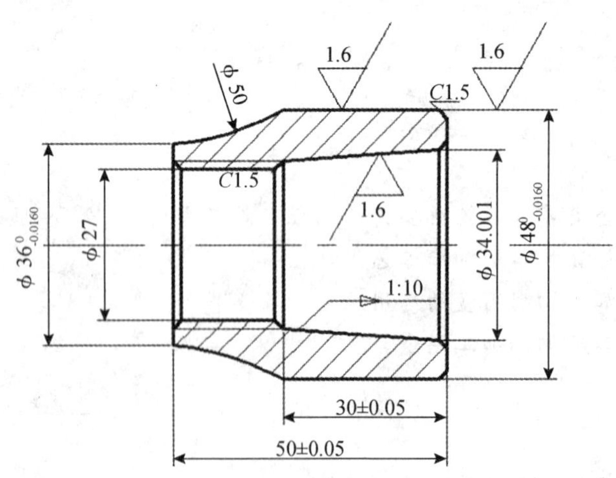

件 2　套筒零件

图 7.3.1　轴、套配合件

2. 工作条件

（1）生产纲领：单件。

（2）毛坯：轴类零件毛坯尺寸为 ϕ50 mm × 100 mm，套筒类零件毛坯尺寸为

ϕ50 mm×52 mm。材料：45 钢。

（3）作业时间：60 min。

3. 工作要求

（1）工件经加工后，各尺寸符合图样要求。

（2）工件经加工后，几何公差符合图样要求。

（3）工件经加工后，表面粗糙度符合图样要求。

（4）正确执行安全技术操作规程。

（5）按企业有关文明生产规定，做到保持工作场地整洁，工件、工具摆放整齐。

任务分析

1. 图样分析

从图 7.3.1 结构上看，该轴类零件由外圆柱面、平面、圆弧、外螺纹等表面所组成，该套筒零件由外圆柱面、圆弧、内螺纹及内圆锥面等所组成，轴套零件较复杂，都适合车削加工。另外，该零件的尺寸标注完整，轮廓描述清楚，且尺寸标注都有利于定位基准和编程原点的统一，符合数控加工尺寸标注的要求。

（1）尺寸精度。从尺寸上看，轴承零件 ϕ48 mm、ϕ24 mm、ϕ23 mm 三处加工精度较高，套筒零件 ϕ48 mm、ϕ30 mm 两处加工精度较高，其轴与套筒有较高的配合精度要求，都需仔细对刀和认真调整机床。

（2）外置精度。

①该轴类零件右定向和定位要求，装配定向用的是 ϕ48 外圆相对于孔轴心线（或基准 A）的同轴度要求。定向是左端面相对于基准 A 垂直度要求，其公差 0.03 mm，槽左端面相对于基准 A 的垂直度要求，公差 0.025 mm。

②该轴套右定向要求，左端面相对于基准 Bϕ48 外圆的垂直度要求公差为 0.025 mm。

③表面粗糙度。轴套零件都有较高的表面粗糙度要求，表面粗糙度值为 1.6 μm，公差等级在 IT8～IT7 之间，其余为 3.2 μm。

综上所述采取以下几点工艺措施：

• 零件图样上带公差的尺寸因公差值较小，故编程时不必要采用平均值，而全部取基本尺寸即可。

• 在轴套配合加工时，为保证零件不产生变形，需设计一辅助心轴。

• 为便于装夹，提高定位精度，可预先加工一刀外圆，并钻好中心孔。

2. 工件的装夹与定位

在零件工艺分析中，已确定零件机床加工部分和加工时用的定位基准只须适合的夹具即可，这里选用的三爪自定心卡盘、软爪、圆锥心轴、顶尖。

装夹方式：采用三爪自定心卡盘进行定位与装夹。在掉头装夹时，应采用铜皮包裹夹持部分，以防卡爪夹伤表面。

定位基准：为保证工件两端面与工件轴线的垂直度，外轮廓加工时一般以毛坯光整面为定位基准。

该配合件由轴的左端 ϕ40 的外圆定位夹紧，将其设计的圆锥心轴与套筒配合，并用尾座顶尖顶住，以提高工艺系统的刚性，装夹方式如图 7.3.2 所示。

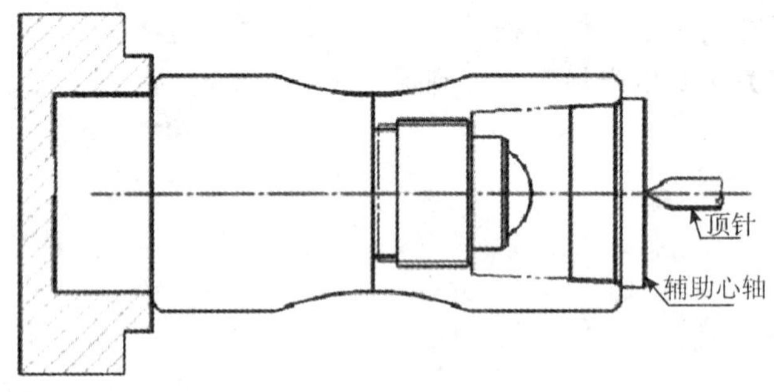

图 7.3.2　配合件装夹方式

3. 加工方案、走刀路线

确定根据轴套配合时的内型形状，可分析出圆锥心轴对应与套筒零件内腔 1∶10 锥度的内圆锥面配合，故圆锥心轴的锥度比为 1∶10。圆锥的大端尺寸与圆锥面大端尺寸相等，根据零件配合时的位置，圆锥心轴应比圆锥短，考虑夹持部分较短，为避免加工时因工件伸出太长而产生振动，从而引起工件变形及其他情况，因此圆锥心轴尽量取短些，又可保证加工质量。根据套筒锥长，圆锥心轴取 10 mm 即可，另外，为保证工件之间配合时的紧密性，可取长 5 mm 的圆柱，可达到加工要求，并将圆柱左端钻好中心孔。

（1）加工方案的确定。数控加工中，进给路线对零件的加工精度，表面质量以及加工效率有着直接影响。因此，确定好的进给路线是保证车削加工精度、表面质量、提高效率的工艺措施之一，其确定与工件表面状况要求的零件表面质量、机床进给机构间隙，刀具耐用度以及零件轮廓形状有关。

由于该零件较复杂，加工部位较多，因而需采用多把刀具才能完成切削加工，制定零件车削加工顺序时可按有粗到精，由近到远，内外交叉，刀具集中的原则确定，尽可能在一次装夹中加工出较多的工件表面，由于该零件为单件小批量生产，故确定走到路线时可不必考虑最近走刀路线可沿零件轮廓顺序进行加工。

根据轴承零件外圆表面加工方案，选取粗车→半精车→精车，可达到加工要求，套筒零件由于内孔是重要表面的加工，故可采用粗加工内孔→粗精加工外圆→精加工内孔的方案进行加工。

（2）走刀路线的确定。

①套筒零件的加工顺序及进给路线。

• 先采用手动方式平左端面，粗车外圆 $\phi48$。
• 钻中心孔为后续工作钻孔做准备，以提高钻头的对中性。
• 钻通孔，并粗精车内孔 $\phi28.14$。
• 调头校正加紧，手动平端面，保证轴向尺寸 $\phi50$ mm。
• 粗加工 $C1$、$C1.5$ 倒角 $\phi36$ mm 的内圆锥面。
• 粗车外圆表面 $C1.5$ 倒角，$\phi48$ mm 外圆。
• 精加工内孔 $C1$、$C1.5$ 倒角 $\phi36$ mm 内圆锥面及 $\phi28.14$ mm 内表面。
• 粗精车内螺纹 M50×1.5 mm。

②轴类零件的加工顺序及进给路线。

• 手动平端面，并光一刀外圆。
• 调头校正夹紧，钻中心孔。
• 钻 30 mm 长的孔。
• 手动平端面，保证其轴向尺寸 97 mm。
• 粗车外圆表面 $\phi48$ mm、$\phi40$ mm，$C1$、$C2$ 倒角。
• 精车各外圆表面。
• 粗镗内孔 $\phi24$ mm，$\phi20$ mm 内孔，R5 圆弧。加工路线如。
• 切 5×$\phi26$ mm 的槽。
• 调头校正夹紧，粗车 $R10$ 圆弧，$\phi23$ mm 外圆，M30×1.5 mm 螺纹。
• 精车 $R10$ 圆弧，$\phi23$ mm 外圆，M30×1.5 mm 的螺纹。
• 把轴与套装配上，并将辅助心轴装入套筒。
• 粗加工圆弧 $R50$。
• 精加工圆弧及 $\phi48$ mm 的外圆。

4. 刀具及工、量具的选择

(1) 刀具的选择。刀具的选择是数控加工工艺设计中的重要内容之一，刀具选择合理与否不仅影响机床的加工效率，而且还直接影响加工质量。

①钻孔的刀具。钻孔的刀具较多，有普通麻花钻，可转位浅孔钻及扁钻。应根据工件材料，加工尺寸及加工质量要求等合理选用。在数控车床上钻孔，大多采用麻花钻，麻花钻有高速钢和硬质合金钢两种。这里选用：中心钻直径 $\phi5$ mm 的中心钻。钻头 $\phi18$ mm、$\phi25$ mm 麻花钻。

②粗车外圆刀。90°硬质合金外圆车刀，刀尖圆弧半径 0.2 mm。

③切槽刀。采用硬质合金材质，刃宽 0.5 mm。

④镗刀。镗刀的种类很多。按切削刃数量可分为单刃镗刀和双刃镗刀。单刃镗刀刚性差，切削时易引起振动，所以镗刀的主偏角选得较大，以减小径向力。粗镗钢件孔时 $\kappa_r=60°\sim75°$，以提高刀具的耐用度。单刃镗刀结构简单，适应较广，粗精加工都适用。故选用单刃镗刀，粗精镗内孔表面。刀片：55°带 $R0.2$ mm 圆弧刃的菱形刀片。

⑤外螺纹车刀。60°硬质合金螺纹刀，刀尖圆弧 0.1 mm。

⑥内螺纹车刀。60°硬质合金螺纹刀，刀尖圆弧 0.1 mm。

（2）工、量具的选择。量具的选择应考虑与被测工件的外形，位置，被测尺寸的大小，尺寸公差相适应，每份量具一把（或一套）其选择如下：

游标卡尺（0～150 mm，0.02 mm）：测量轮廓的基本尺寸。

外径千分尺（0～25 mm，25～50 mm）：测量凸台的基本尺寸。

内径千分尺（0～25 mm，25～50 mm）：测量孔的直径。

圆弧样板（R10，R50，R5 mm）：测量圆弧半径。

M30×1.5 螺纹塞规、环规（同规格）各一套。

5. 切削用量的选择

数控车床加工中的切削用量包括：背吃刀量、切削速度（主轴转速）、进给速度或进给量。切削用量的大小对切削力、切削功率、刀具磨损、加工质量和加工成本均有显著影响，对不同的加工方法，须选择不同的切削用量，并编入程序中。

切削用量的选择原则：粗加工时一般以提高生产效率为主，但也考虑经济型和加工成本，半精加工和精加工时应在保证该加工质量的前提下兼顾切削效率，经济型和加工成本具体参数根据机床说明书和切削用量手册。

（1）背吃刀量。背吃刀量的选择主要由于对表面质量的要求来决定。在工艺系统刚性及机床允许的条件下，进可能选取较大的背吃刀量，由于该零件精度要求较高，则应适当留出精车余量，常取 0.1～0.5 mm。

背吃刀量的选取参数如下：

①粗车外圆时取 1.2 mm。

②精车镗内外表面时取 0.5 mm。

③粗镗内孔取 1 mm。

④钻中心孔取 2.5 mm。

⑤钻孔时取 10 mm。

⑥粗精内外螺纹时取分别取 0.8 mm、0.6 mm、0.4 mm、0.16 mm。

（2）切削速度。切削速度根据零件上被加工部位的直径值，并按连接和刀具的材料及加工性质等条件所允许的切削速度来确定。选取数值如下：

①粗车镗内外表面时主轴转速 $s=600$ r/min，$f=0.2$ mm/r。

②钻中心孔时主轴转速 $s=600$ r/min。

③钻孔时的主轴转速 $s=300$ r/min。

④精车外圆时的主轴转速 $s=1\ 100$ r/min，$f=0.1$ mm/r。

⑤精镗内孔时的主轴转速 $s=800$ r/min，$f=0.1$ mm/r。

⑥切槽时的主轴转速 $s=500$ r/min，$f=1.5$ mm/r。

⑦内外螺纹车削时的主轴转速由公式：$n\leqslant 1\ 200/p-k$ 得：$n\leqslant 1\ 200/1.5-80=720$ r/min。

考虑到机床刚性及其他原因取 $n=500$ r/min，即 $s=500$ r/min，$f=1.5$。

（3）进给速度。进给速度的原则是当工件的质量要求能得到保证时，可选择较高的进给速度，切断加工深孔和精车时选择较低的进给速度，进给速度应与主轴转速及

背吃刀量相适应，根据以上主轴转速与背吃刀量相适应，根据以上主轴转速与背吃刀量的选择，可确定进给速度。

进给速度 v_f 是切削刃上选定点相对于工件的进给运动的瞬时速度，它与转速 n、进给量 f 之间的关系为：

$$v_f = f \times n$$

由上式可得出：

①粗车镗内外圆表面是的进给速度 v_f＝600 r/min×0.2 mm/r＝120 mm/min。

②精车外圆时的进给速度 v_f＝1 100 r/min×0.1 mm/r＝110 mm/min。

③精镗内孔时的进给速度 v_f＝800 r/min×0.1 mm/r＝80 mm/min。

④粗精车内外螺纹的进给速度 v_f＝500 r/min×1.5 mm/r＝750 mm/min。

1. 数控加工工序卡的编制

（1）数控加工工序卡（见表 7.3.1～表 7.3.4）。

表 7.3.1 数控加工工序卡

数控加工工序卡		产品名称		零件图号	夹具名称		工序号
		套筒		7.3.1	三爪自定心卡盘		02
工步号	工步内容	切削用量			刀具		备注
		主轴转速 n/（r/min）	进给速度 f/（mm/r）	背吃刀量 a_p/mm	编号	名称	
1	粗、精加工 ϕ48 mm 外圆	600	0.15	1.2	T01	90°外圆车刀	
2	钻中心孔	600	—	—	—	ϕ5 mm 中心钻	手动
3	钻通孔	400	—	—	—	ϕ25 mm 锥柄麻花钻	手动
4	粗镗右端内锥孔至 31.5 mm 长	500	0.15	1	T04	55°内孔镗刀	手动
5	精镗右端内锥孔至 31.5mm 长	800	0.08	0.5	T04	55°内孔镗刀	手动
6	粗精加工内螺纹 M30×1.5 mm	500	—	—	T05	60°内螺纹镗刀	
编制		审核		批准		共 页	第 页

表 7.3.2　数控加工工序卡

数控加工工序卡			产品名称		零件图号		夹具名称		工序号
			套筒		7.3.1		三爪自定心卡盘		01
工步号	工步内容		切削用量				刀具		备注
			主轴转速 n/（r/min）	进给速度 f/（mm/r）	背吃刀量 a_p/mm		编号	名称	
1	调头装夹，粗、精车套筒零件左端外圆		600	0.2	1.5		T01	90°外圆车刀	
2	精车套筒零件左端外圆								
3	粗镗 ϕ28.14 mm 内孔		600	0.15	1		T04	55°内孔镗刀	
4	精镗 ϕ28.14 mm 内孔		800	0.08	0.5		T04	55°内孔镗刀	
编制		审核			批准			共　页	第　页

表 7.3.3　数控加工工序卡

数控加工工序卡		产品名称		零件图号	夹具名称		工序号
		轴		7.3.1	三爪自定心卡盘		01
工步号	工步内容	切削用量			刀具		备注
		主轴转速 n/（r/min）	进给速度 f/（mm/r）	背吃刀量 a_p/mm	编号	名称	
1	光一刀轴类零件右端外圆	600	—	—	T01	90°外圆车刀	手动
2	调头校正夹紧并钻中心孔	600	—	—	—	ϕ5 mm 中心钻	手动
3	钻孔至 30 mm 长	300	—	—		ϕ18 mm 锥柄麻花钻	手动
4	粗车外圆 ϕ40 mm ϕ48 mm	600	0.15	1.2	T01	90°外圆车刀	
5	精车外圆 ϕ40 mm ϕ48 mm	1100	0.08	0.5	T01	90°外圆车刀	
6	粗镗内孔 $R5$ 圆弧、ϕ24 mm ϕ20 mm 的表面	500	0.15	1	T04	55°内孔镗刀	

（续表）

数控加工工序卡		产品名称	零件图号		夹具名称		工序号
工步号	工步内容	套筒	7.3.1		三爪自定心卡盘		02
		切削用量			刀具		备注
		主轴转速 n/（r/min）	进给速度 f/（mm/r）	背吃刀量 a_p/mm	编号	名称	
7	精镗内孔 $R5$ 圆弧、$\phi24$ mm　$\phi20$ mm 的表面	800	0.08	0.5	T04	55°内孔镗刀	
编制	审核		批准			共　页	第　页

表 7.3.4　数控加工工序卡

数控加工工序卡		产品名称	零件图号		夹具名称		工序号
工步号	工步内容	轴	7.3.1		三爪自定心卡盘、尾座顶尖		04
		切削用量			刀具		备注
		主轴转速 n/（r/min）	进给速度 f/（mm/r）	背吃刀量 a_p/mm	编号	名称	
1	调头校正夹紧，粗车右端外轮廓	600	0.15	1.2	T01	90°外圆车刀	
2	精车右端外轮廓	1100	0.08	0.5	—		
3	切削螺纹退刀槽	500	0.05	4	T02	切槽刀	
4	粗车外螺纹 M30×1.5 mm	500	—	—	T03	60°外螺纹车刀	
5	精车外螺纹 M36×1.5 mm	500	—	—	T03	60°外螺纹车刀	
编制	审核		批准			共　页	第　页

（2）数控加工刀具卡（见表 7.3.5）。

表 7.3.5　数控加工刀具卡

序号	刀具名称	刀具清单			共 1 页　第 1 页	
		刀具规格				备注
		刀柄规格	代号	刀片规格	刀尖半径	
1	90°外圆车刀	25×25	T0101	硬质合金	0.4	
2	切槽刀	25×25	T0202	硬质合金	B=4 mm	
3	60°外螺纹车刀	25×25	T0303	硬质合金	0.2	
4	55°内孔镗刀	$\phi12$	T0404	硬质合金	0.4	

（续表）

序号	刀具名称	刀具清单				共 1 页　第 1 页
		刀具规格				备注
		刀柄规格	代号	刀片规格	刀尖半径	
5	60°内螺纹车刀	ϕ12	T0505	硬质合金	0.2	
6	ϕ5 mm 中心钻	A 型		高速钢		
7	ϕ18 mm 锥柄麻花钻	锥柄		高速钢		
8	ϕ25 mm 锥柄麻花钻	锥柄		高速钢		

2. 加工程序的编制

编制数控程序时，首先要建立一个工件坐标系，程序中的坐标值均以此坐标为依据。工件坐标系是编程人员在编程时使用的，编程人员选择工件上的某一已知点为原点，建立一个新的坐标系，称为工件坐标系（也称变成坐标系）。工件坐标系一旦建立便一直有效，直到被新的坐标系所取代。

坐标原点选择尽量满足编程简单，尺寸换算少，引起的加工误差小等条件，为了编程方便一般将工件坐标系设在工件上，并将坐标原点设在图样的设计基准和工艺基准处，其坐标原点称为工件原点（或加工远点）。

工件原点是人为设定的从理论上讲工件原点选在任何位置都是可以的，但实际为编程方便以及各尺寸较为直观，数控车床原点一般设在主轴中心线与工件左端面或右端面交点处。

本设计在加工中，根据加工顺序选择工件两端面分别作为坐标原点。

程序清单如表 7.3.6～表 7.3.9 所示。

表 7.3.6　件 2 右端轮廓加工程序

序　号	01	零件图号	7.3.1	编程原点	工件右端面与中心轴线的交点
程序号	O0001	数控系统	FANUC-0i	编　制	件 2 右端外圆、内孔程序、套筒内螺纹程序
程　序			注　释		
O0001；			程序名		
N10 M03 S600；			主轴正转，转速为 600 r/min		
N20 T0101 G99；			换 1 号外圆车刀，导入 1 号刀补		
N30 X52 Z3；			快速到达循环起点		
N40 G90 X48.0Z−30 F0.2；			外圆循环车削		
N50 G00 X100 Z100；			刀具快速退回至换刀点		
N60 T0404；			换 4 号外圆车刀，导入 4 号刀补		

（续表）

序　号	01	零件图号	7.3.1	编程原点	工件右端面与中心轴线的交点
程序号	O0001	数控系统	FANUC-0i	编　制	件 2 右端外圆、内孔程序、套筒内螺纹程序

程　序	注　释
O0001；	程序名
N70 M03 S800；	主轴正转，转速为 600 r/min
N80 G00 X24 Z3；	快速到达循环起点
N90 G71 U1 R0.5；	内径粗车循环，加工路线为 N110～N170，X 向精车余量为－0.5 mm，粗加工进给量为 0.15 mm/r
N100 G71 P110 Q170 U －0.5 W0 F0.15；	
N110 G0 G41 X48；	精加工外轮廓起点，精加工参数设置
N120 G01 Z0；	
N130 X37；	精加工轮廓描述
N140 X34 Z－1.5	
N150 X31 Z－30；	
N160 X28.14 Z－31.5；	
N170 G1 G40 X24；	
N180 G00 Z3；	轴向退刀
N190 G00 X100 Z100；	刀具快速退回至换刀点
N200 M05；	主轴停转
N210 M00；	程序暂停
N220 M03 S800；	主轴正转，转速为 800 r/min
N230 G00 X24 Z3；	快速到达精车起点
N240 G70 P110 Q170 F0.1；	精车内轮廓
N250 G00 Z100；	轴向退刀
N260 X100；	径向退刀
N270 M05；	主轴停转
N280 M00；	程序暂停
N290 T0505；	换 5 号外圆车刀，导入 5 号刀补
N300 M03 S500；	主轴正转，转速为 500 r/min
N310 G00 X52；	
N320 Z3；	

（续表）

序　号	01	零件图号	7.3.1	编程原点	工件右端面与中心轴线的交点
程序号	O0001	数控系统	FANUC-0i	编　制	件2右端外圆、内孔程序、套筒内螺纹程序

程　序	注　释
O0001；	程序名
N330 X26；	螺纹车削循环起点
N340 Z−28；	
N350 G92 X28.98 Z−51 F1.5；	螺纹车削循环
N360 X29.54；	
N370 X29.94；	
N380 X30；	
N390 G00 X100 Z100；	刀具快速退回至换刀点
N400 M05；	主轴停转
N410 M30；	程序结束并复位

表7.3.7　件2左端端轮廓加工程序

序　号	02	零件图号	7.3.1	编程原点	工件左端面与中心轴线的交点
程序号	O0002	数控系统	FANUC-0i	编　制	件2左端外圆及内孔程序

程　序	注　释
O0002；	程序名
N10 M03 S600；	主轴正转，转速为600 r/min
N20 T0101 G99；	换1号外圆车刀，导入1号刀补
N40 X38 Z3；	快速到达循环起点
N50 G71 U1 R0.5；	外圆粗车循环，加工路线为N60～N100，X向精车余量为0.5 mm，粗加工进给量为0.15 mm/r
N60 G71 P60 Q100 U0.5 W0 F0.15；	
N70 G00 G42 X36；	
N80 G01 Z0；	
N90 G02 X48 Z−20 R50；	
N100 G01 G40 X52；	
N110 G00 X100 Z100；	刀具快速退回至换刀点
N120 M05；	主轴停止
N130 M00；	程序暂停

（续表）

序　号	02	零件图号	7.3.1	编程原点	工件左端面与中心轴线的交点
程序号	O0002	数控系统	FANUC-0i	编　制	件 2 左端外圆及内孔程序

程　序	注　释
O0002；	程序名
N140 T0101；	换 1 号外圆车刀，导入 1 号刀补
N150 M03 S1100；	主轴正转，转速为 1 100 r/min
N160 G00 X52 Z3；	快速到达精车起点
N170 G70 P60 Q100 F0.1；	精车外轮廓
N180 G00 Z100；	刀具快速退回至换刀点
N190 X100 ；	
N200 M05；	主轴停止
N210 M00；	程序暂停
N220 T0404；	换 4 号外圆车刀，导入 4 号刀补
N230 M03 S600；	主轴正转，转速为 600 r/min
N240 G00 X38 Z3；	快速到达循环起点
N250 G71 U1 R0.5；	内径粗车循环，加工路线为 N270～N310，*X* 向精车余量为－0.5 mm，粗加工进给量为 0.15 mm/r
N260 G71 P270 Q310 U －0.5 W0 F0.15；	
N270 G00 G41 X30；	精加工外轮廓起点，精加工参数设置
N280 Z0；	
N290 G01 X28.14 Z－1.5；	精加工轮廓描述
N300 Z－52；	
N310 G40 G01 X24；	
N320 G00 Z3；	轴向退刀
N330 G00 X100 Z100；	刀具快速退回至换刀点
N340 M05；	主轴停转
N350 M00；	程序暂停
N360 T0404；	换 1 号外圆车刀，导入 1 号刀补
N370 M03 S800；	主轴正转，转速为 800 r/min
N380 G00 X24 Z3；	快速到达精车起点
N390 G70 P270 Q310 F0.1；	精车内轮廓
N400 G00 Z100；	轴向退刀

（续表）

序　号	02	零件图号	7.3.1	编程原点	工件左端面与中心轴线的交点
程序号	O0002	数控系统	FANUC-0i	编　制	件 2 左端外圆及内孔程序
程　序			注　释		
O0002；			程序名		
N410 X100 ；			径向退刀		
N420 M05；			主轴停转		
N430 M30；			程序结束并复位		

表 7.3.8　件 1 左端轮廓加工

序　号	03	零件图号	7.3.1	编程原点	工件左端面与中心轴线交点
程序号	O0003	数控系统	FANUC-0i	编　制	件 1 左端外圆及内轮廓
程　序			注　释		
O0003；			程序名		
N10 M03 S600；			主轴正转，转速为 600r/min		
N20 T0101 G99；			换 1 号外圆车刀，导入 1 号刀补		
N30 G0 X100 Z100；			快速进刀至安全换刀点		
N40 X52 Z3；			刀具快速到达循环起点		
N50 G71 U1.5 R1；			外径粗车循环，加工路线为 N70～N140，X 向精车余量为 0.5 mm，粗加工进给量为 0.2 mm/r		
N60 G71 P70 Q140 U0.5 W0 F0.2；					
N70 G0 G42 X36；			精加工外轮廓起点，精加工参数设置		
N80 Z0；					
N90 G1 X40 Z−2；			精加工轮廓描述		
N100 Z−20；					
N110 X44；					
N120 X48 Z−22；					
N130 Z−25；					
N140 G1 G40 X52；			径向退刀		
N150 G0 X100 Z100；			刀具快速退回至换刀点		
N160 M05；			主轴停止		
N170 M00；			程序暂停		
N180 M03 S1100；			主轴正转，转速为 1 100 r/min		
N190 G0 X52 Z3；			刀具快速到达精车起刀点		

（续表）

序　号	03	零件图号	7.3.1	编程原点	工件左端面与中心轴线交点
程序号	O0003	数控系统	FANUC-0i	编　制	件 1 左端外圆及内轮廓

程　序	注　释
O0003；	程序名
N200 G70 P70 Q140 F0.1；	精车外轮廓
N210 G0 X100 Z100；	刀具快速退回至换刀点
N220 M05；	主轴停止
N230 M00；	程序暂停
N240 T0404；	换 4 号外圆车刀，导入 4 号刀补
N250 M03 S500；	主轴正转，转速为 500 r/min
N260 G00 X52；	
N270 X17 Z3；	刀具快速到达精车起刀点
N280 G71 U1.5 R1；	内径粗车循环，加工路线为 N300～N360，X 向精车余量为－0.5 mm，粗加工进给量为 0.2 mm/r
N290 G71 P300 Q360 U－0.5 W0F0.2；	
N300 G00 G41 X34；	精加工内轮廓起点，精加工参数设置
N310 G01 Z0；	
N320 G02 X24 Z－5 R5；	精加工内轮廓描述
N330 G01 Z－22；	
N340 X20；	
N350 Z－25；	
N360 G01 G40 X17；	径向退刀
N370 G00 Z3；	轴向退刀
N380 G00 X100 Z100；	快速退刀至安全换刀点
N390 M05；	主轴停止
N400 M00；	程序暂停
N410 T0404；	换 4 号外圆车刀，导入 4 号刀补
N420 M03 S800；	主轴正转，转速为 800 r/min
N430 G00 X17 Z3；	刀具快速到达精车起刀点
N440 G70 P300 Q360 F0.1；	精车内轮廓
N450 G00 Z3；	轴向退刀
N460 G00 X100 Z100；	快速退刀至安全点
N470 M05；	主轴停止
N480 M30；	程序结束并返回程序起点

表 7.3.9　件 1 右侧外轮廓加工程序

序号	04	零件图号	7.3.1	编程原点	工件右端面与中心轴线的交点
程序号	O0004	数控系统	FANUC-0i	编　制	件 1 右侧外轮廓加工程序

程　序	注　释
O0004；	程序名
N10 G21 G40 G99；	程序初始化
N20 M03 S600；	主轴正转，转速为 600 r/min
N30 T0101；	换 1 号外圆车刀，导入 1 号刀补
N40 G00 X100 Z100；	快速进刀至安全换刀点
N50 X52 Z3；	刀具快速到达循环起点
N60 G71 U1.5 R1.2；	外径粗车循环，加工路线为 N80～N170，*X* 向精车余量为 0.5 mm，粗加工进给量为 0.2 mm/r
N70 G71 P80 Q170 U0.5 W0 F0.2；	
N80 N5 G0 G42 X0；	精加工外轮廓起点，精加工参数设置
N90 G01 Z0；	
N100 G03 X17.368 Z−5 R10；	精加工轮廓描述
N110 G01 X21；	
N120 X23 Z−6；	
N130 Z−12；	
N140 X28；	
N150 X30 Z−13；	
N160 Z−30；	
N170 G1 G40 X52；	径向退刀
N180 G0 X100 Z100；	刀具快速退回至换刀点
N190 M05；	主轴停止
N200 M00	程序暂停
N210 M03 S1100；	主轴正转，转速为 1 100 r/min
N220 G00 X52 Z3；	刀具快速到达精车起刀点
N230 G70 P80 Q170 F0.1；	精车外圆，精加工进给量为 0.1 mm/r
N240 G00 X100 Z100；	刀具快速退回至换刀点
N250 M05；	主轴停止
N260 M00；	程序暂停
N260 T0202；	换 1 号外圆车刀，导入 1 号刀补

（续表）

序 号	03	零件图号	7.3.1	编程原点	工件右端面与中心轴线交点
程序号	O0003	数控系统	FANUC-0i	编 制	件 1 左端外圆及内轮廓
程 序			注 释		
O0003;			程序名		
N270 M03 S500;			主轴正转，转速为 500 r/min		
N280 G00 X52 Z3;					
N290 Z−32;			第一刀，下刀点		
N300 X24;			径向进刀进行槽加工		
N310 X52;			径向退刀		
N320 X100 Z100;			刀具快速退回至安全换刀点		
N330 M05;			主轴停止		
N340 M00;			程序暂停		
N350 T0303;			换 3 号外圆车刀，导入 3 号刀补		
N360 M03 S500;			主轴正转，转速为 500 r/min		
N370 G00 X31.0 Z0;			快速到达循环起点		
N380 G92 X29.85 Z−32.5 F2.0;			螺纹切削第 1 刀，背吃刀量 0.575 mm		
N390 X29.05;			螺纹切削第 2 刀，背吃刀量 0.4 mm		
N400 X28.55;			螺纹切削第 3 刀，背吃刀量 0.25 mm		
N410 X28.05;			螺纹切削第 4 刀，背吃刀量 0.25 mm		
N420 X28.05;			螺纹切削第 5 刀，去除毛刺，光整加工		
N430 X100 Z100;			退刀至换刀点		
N440 M05;			主轴停止		
N450 M30;			程序停止并返回起始行		

3. 数控加工

（1）检查毛坯料尺寸。

（2）使用钢直尺测量毛坯件尺寸，要求轴类零件毛坯尺寸为 ϕ50 mm×100 mm，套筒类零件毛坯尺寸为 ϕ50 mm×52 mm。

（3）开机。

（4）返回参考点。

（5）装夹工件。

（6）安装刀具。

（7）对刀。
（8）程序输入与程序调试。
（9）试运行。
（10）自动加工及尺寸控制。
（11）去除毛刺。
（12）质量检验。
（13）后续工作。

1. 检验内容分析

本任务零件质量检验包括：内、外圆直径的测量；端面和台阶的测量；圆角的测量；螺纹的检测

2. 测量工具

游标卡尺（0～150 mm，0.02 mm）：测量轮廓的基本尺寸。
外径千分尺（0～25 mm，25～50 mm）：测量凸台的基本尺寸。
内径千分尺（0～25 mm，25～50 mm）：测量孔的直径。
圆弧样板（*R*10，*R*50，*R*5 mm）：测量圆弧半径。
深度游标卡尺（0～200 mm，0.02 mm）：测量轮廓的长度或者深度尺寸。
M30×1.5 螺纹塞规、环规（同规格）各一套。

3. 零件质量检验表

零件尺寸检查内容如表 7.3.10 所示。

表 7.3.10　零件尺寸检查内容

序号	配分	自检要素				检测 允许=±0.03		备　注		
		直径/长度/*Ra*	基本尺寸	上偏差	下偏差	直径/长度/*Ra*	实测值	测量工具	工件名称	评分标准
1	5	ϕ	48	0	−0.016	ϕ		25～50 mm 外径千分尺	件 2	超差 0.01 扣 1 分
2	5	ϕ	48	0	−0.016	ϕ		0～150 mm 带表卡尺	件 1	超差 0.01 扣 1 分
3	5	ϕ	40	0	−0.016	ϕ		0～150 mm 带表卡尺	件 1	超差 0.01 扣 1 分
4	5	ϕ	24	0	−0.21			内径千分尺	件 1	超差 0.01 扣 1 分

（续表）

序号	配分	自检要素				检测 允许＝±0.03		备 注		
		直径/长度/Ra	基本尺寸	上偏差	下偏差	直径/长度/Ra	实测值	测量工具	工件名称	评分标准
5	5	M	30×1.5			M		塞规一套	件 2	超差 0.01 扣 1 分
6	5	M	30×1.5			M		环规一套	件 1	超差 0.01 扣 1 分
7	5	L	50	+0.05	−0.05	L		0～150 mm 带表卡尺	件 2	超差 0.01 扣 1 分
8	5	L	30	+0.05	−0.05	L		0～150 mm 带表卡尺	件 2	超差 0.01 扣 1 分
9	5	L	97	+0.05	−0.05	L		0～150 mm 带表卡尺	件 1	超差 0.01 扣 1 分
10	5	L	32	+0.015	−0.015	L		0～150 mm 带表卡尺	件 1	超差 0.01 扣 1 分
11	5	L	27	+0.015	−0.015	L		0～150 mm 带表卡尺	件 1	超差 0.01 扣 1 分
12	10	L	20（两处）	+0.015	−0.015	L		0～150 mm 带表卡尺	件 1	超差 0.01 扣 1 分
13	5	L	22	+0.015	−0.015	L		0～150 mm 带表卡尺	件 2	超差 0.01 扣 1 分
14	5	R	50（两处）					R 规	件 2	
15	5	R	5					R 规	件 1	
16	5	表面粗糙度								
17	5	锐边倒钝								
18	10	操作规范有创意								
安全文明生产		①安全正确操作设备 ②工作场地整洁，工件、量具、夹具等器具摆放整齐规范 ③做好事故防范措施，填写交接班记录，并将出现的事故发生原因、过程及处理结果记入运行档案 ④做好环境保护 每违反一项从总分扣除 2 分，发生重大事故者取消成绩并赔偿相应的损失。扣分不超过 10 分								
总计分数		100			总得分数					

4. 任务评价

任务评价如表 7.3.11 所示。

表 7.3.11　任务评价

序号	任务目标	相关内容	相关要求	学生自评	教师评价	实训效果
1	掌握配合类零件进行数控车削加工工艺分析并制定工艺规程	分析零件图样技术要求和制定加工工艺方案案例	能看懂零件图，学会设计加工工艺			
2	掌握选择配合类零件数控车削加工所用刀具材料及配合刀具几何参数的合理选择	车削刀具的认知与刀具的选择方法	能正确合理的选择车削刀具			
3	能正确合理的确定配合件轴、套表面零件加工切削用量	切削用量三要素的选择及金属切削工艺手册的使用	能根据手册或者实际加工经验合理确定切削用量的选择			
4	掌握配合件轴、套表面的数控车削加工程序的编制及加工操作	数控车床编程的基本概念及零件加工程序的编写	了解编写程序书写的方法与各代码书写格式；能书写较负责的配合零件的加工程序			
		刀位数据处理	能正确计算各刀位点的坐标值			
5	掌握程序校正及加工应用	程序校正及加工检查	掌握正确的校正方法和操作，能判断等程序的正确性			
6	能对配合类零件轴、套表面进行质量评估并能初步分析超差原因	游标卡尺、内径千分尺等的使用方法	掌握配合件表面尺寸的正确测量方法及误差分析			
7	工量具摆放、机床维护与保养	5S 管理	掌握工量具正确、合理的摆放；掌握机床使用后的维护与保养			
8	安全操作	数控车床安全操作规程	养成良好的安全的操作习惯			
9	数车加工熟练度	配合件表面程序编制与车床操作	在规定时间内完成加工任务			

数控车床切削用量的选择

切削用量（a_p、f、v）选择是否合理，对于能否充分发挥机床潜力与刀具切削性能，实现优质、高产、低成本和安全操作具有很重要的作用，切削用量选择的一般原则是提高生产率，即切削时间缩短。

粗车时，首先考虑选择一个尽可能大的背吃刀量 a_p，其次选择一个较大的进给量 f，最后确定一个合适的切削速度 v。增大背吃刀量 a_p可使走刀次数减少，增大进给量 f 有利于断屑，因此根据以上原则选择粗车切削用量对于提高生产效率，减少刀具消耗，降低加工成本是有利的。

精车时，加工精度和表面粗糙度要求较高，加工余量不大且较均匀，因此选择精车切削用量时，应着重考虑如何保证加工质量，并在此基础上尽量提高生产率。因此精车时应选用较小（但不太小）的背吃刀量 a_p和进给量 f，并选用切削性能高的刀具材料和合理的几何参数，以尽可能提高切削速度 v。

对车削用量的选择原则进行论述如下：

1. 背吃刀量 a_p的确定

吃刀深 a_p：一般情况下，机床工艺系统刚度允许时，粗车吃刀深在保留半精车．精车余量后，尽量将粗车余量一次切除。如果总加工余量太大，一次切去所有加工余量会产生明显的振动，甚至刀具强度不允许，机床功率不够，则可分成两次或几次粗车。但第一刀吃刀深应尽量大，以消除表面硬皮，切除沙眼气孔等缺陷，从而保护刀尖不与毛坯接触。半精车和精车加工，其吃刀深是根据加工精度和表面粗糙度要求，由粗车后留下余量确定的其所留的精车余量一般比普通车削时所留余量小，常取 0.1～0.5 mm。最后一刀吃刀深不宜太小，否则会产生刮擦，对粗糙度不利。

切削深度 a_p 计算公式：

$$a_p=\frac{d_w-d_m}{2}$$

式中，d_w——待加工表面外圆直径（mm）；

d_m——已加工表面外圆直径（mm）。

2. 进给量 f

粗车时的进给量主要考虑进给伺服电机功率、刀杆尺寸、刀片厚度、工件的直径和长度等因素。在工艺系统刚度和强度允许的情况下，可选用较大进给量，反之适当减少。如加工小孔．因刀杆直径小，应降低进给量。孔深、刀杆悬伸长，则需进一步降低进给量。由于钻头横刃钻孔进给力较大，进给量往往受到 Z 向伺服电机力矩制约。

半精加工和精加工的进给量受到工件加工精度和粗糙度限制，由于加工精度和粗糙度往往形成对应关系。半精加工和精加工进给量大小的确定着眼于表面粗糙度。

确定进给速度的原则：

（1）当工件的加工质量能得到保证时，为提高生产率可选择较高的进给速度。

（2）切断、车削深孔或精车时，选择较低的进给速度。

（3）刀具空行程尽量选用高的进给速度。

（4）进给速度应与主轴转速和切削深度相适应。

进给速度 v_f 的计算：

$$v_f = n_f$$

式中，n——车床主轴的转速（r/min）；

f——刀具的进给量（mm/r）。

进给量 f 的选取还应该与背吃刀量和主轴转速相适应。在保证工件加工质量的前提下，可以选择较高的进给速度（2 000 mm/min 以下）。在切断、车削深孔或精车时，应选择较低的进给速度。当刀具空行程特别是远距离“回零”时，可以设定尽量高的进给速度。粗车时，一般取 $f=0.3\sim0.8$ mm/r，精车时常取 $f=0.1\sim0.3$ mm/r，切断时 $f=0.05\sim0.2$ mm/r。

3. 切削速度的确定

切削速度 v_c 可根据已经选定的背吃刀量、进给量及刀具耐用度进行选取。实际加工过程中，也可根据生产实践经验和查表的方法来选取。粗加工或工件材料的加工性能较差时，宜选用较低的切削速度。精加工或刀具材料、工件材料的切削性能较好时，宜选用较高的切削速度。切削速度 v_c 确定后，可根据刀具或工件径（D）按公式 $n=1\,000\,v_c/\pi D$ 来确定主轴转速 n（r/min）。

切削速度 v_c 计算公式：

$$v_c = \frac{\pi d n}{1\,000}$$

式中，d——工件或刀尖的回转直径（mm）；

n——工件或刀具的转速（r/min）。

在工厂的实际生产过程中，切削用量一般根据经验并通过查表的方式进行选取。常用硬质合金或涂层硬质合金切削不同材料时的切削用量推荐值如表 7.3.12，表 7.3.13 所示。

表 7.3.12　硬质合金刀具切削用量推荐表

刀具材料	工件材料	粗加工			精加工		
		切削速度/(m/min)	进给量/(mm/r)	背吃刀量/mm	切削速度/(m/min)	进给量/(mm/r)	背吃刀量/mm
硬质合金或涂层硬质合金	碳钢	220	0.2	3	260	0.1	0.4
	低合金刚	180	0.2	3	220	0.1	0.4
	高合金钢	120	0.2	3	160	0.1	0.4
	铸铁	80	0.2	3	120	0.1	0.4
	不锈钢	80	0.2	2	60	0.1	0.4
	钛合金	40	0.2	1.5	150	0.1	0.4
	灰铸铁	120	0.2	2	120	0.15	0.5
	球墨铸铁	100	0.2 0.3	2	120	0.15	0.5
	铝合金	1600	0.2	1.5	1600	0.1	0.5

表 7.3.13　常用切削用量推荐表

工件材料	加工内容	背吃刀 a_p/mm	切削速度 $v_c/m\cdot min^{-1}$	进给量 $f/mm\cdot r^{-1}$	刀具材料
碳素钢 σ_b>600 MPa	粗加工	5～7	60～80	0.2～0.4	YT 类
	粗加工	2～3	80～120	0.2～0.4	
	精加工	2～6	120～150	0.1～0.2	
碳素钢 σ_b>600 MPa	钻中心孔		500～800 $r\cdot min^{-1}$	钻中心孔	W18Cr4V
	钻孔		25～30	钻孔	
	切断（宽度小于 5 mm）	70～110	0.1～0.2	切断（宽度小于 5 mm）	YT 类
铸铁 HBS<200	粗加工		50～70	0.2～0.4	YG 类
	精加工		70～100	0.1～0.2	
	切断（宽度小于 5 mm）	50～70	0.1～0.2		
	切断（宽度小于 5 mm）	50～70	0.1～0.2	切断（宽度小于 5 mm）	

一般情况下先确定切削速度．再根据工件直径计算机床转数。某些情况下切削速度反过来是根据机床转数确定的。

4. 主轴转速的确定

（1）光车外圆时主轴转速。光车外圆时主轴转速应根据零件上被加工部位的直径，并按零件和刀具材料以及加工性质等条件所允许的切削速度来确定。切削速度除了计算和查表选取外，还可以根据实践经验确定。需要注意的是，交流变频调速的数控车床低速输出力矩小，因而切削速度不能太低。切削速度确定后，用公式 $n=1\ 000v_c/\pi d$ 计算主轴转速 n（r/min）。

（2）车螺纹时主轴的转速。在车削螺纹时，车床的主轴转速将受到螺纹的螺距 P（或导程）大小、驱动电机的升降频特性，以及螺纹插补运算速度等多种因素影响，故对于不同的数控系统，推荐不同的主轴转速选择范围。大多数经济型数控车床推荐车螺纹时的主轴转速 n（r/min）为：

$$n \leqslant (1\ 200/P)-k$$

式中，P——被加工螺纹螺距，mm；

k——保险系数，一般取为 80。

此外，在安排粗、精车削用量时，应注意机床说明书给定的允许切削用量范围，对于主轴采用交流变频调速的数控车床，由于主轴在低转速时扭矩降低，尤其应注意此时的切削用量选择。

拓展练习

如图 7.3.3 所示零件图，现要求选择合理的加工工艺，进行工艺卡片的编制和零件的编程。

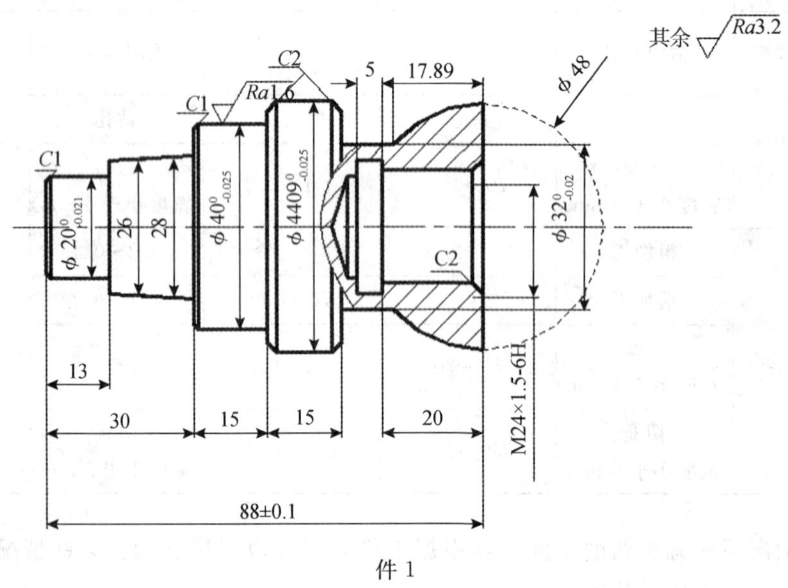

件 1

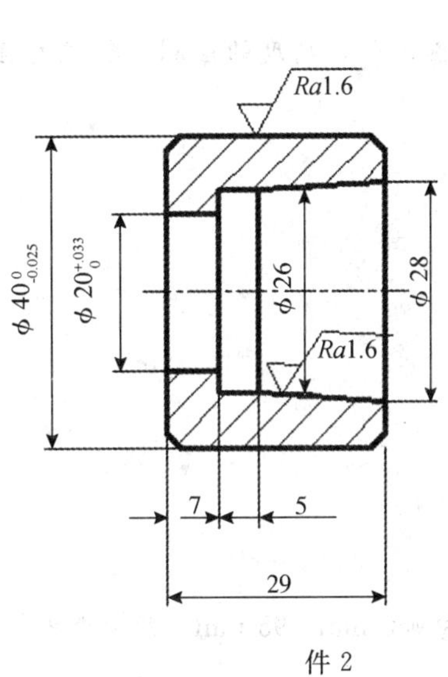

件 2

技术要求：

(1) 件 1 对件 2 锥体部分涂色检验，接触面积大于 60%。

(2) 外锐边及孔口锐边去毛刺。

(3) 不允许使用砂布抛光。

图 7.3.3　轴、套配合件

任务 7.4　中级技能加工实例 4

1. 知识目标

(1) 掌握轴、套类零件各轮廓要素的编程与加工方法。

(2) 掌握配合件零件数控车削加工工艺设计。

(3) 掌握零件加工切削用量的选用原则。

(4) 熟练掌握尺寸精度、形状位置公差和表面粗糙度的控制方法和确保方法

2. 能力目标

(1) 能正确分析轴类零件的工艺性。

(2) 能进行轴类零件加工刀具的选择、切削用量的选用及刀具参数的设定。

(3) 能正确应用加工循环指令。

(4) 能正确制定配合件的车削加工方法，

（5）能编写零件的加工程序。

（6）能正确进行零件的精度检测、配合精度的检测、数控处理及加工结果的判断。

（7）能提交产品及工艺文件。

1. 零件图样

零件图样如图 7.4.1 所示。

2. 工作条件

（1）生产纲领：单件。

（2）毛坯：轴类零件毛坯尺寸为ϕ60 mm×95 mm，套筒类零件毛坯尺寸为ϕ55 mm×45 mm。材料：45 钢。

（3）作业时间：120 min。

3. 工作要求

（1）工件经加工后，各尺寸符合图样要求。

（2）工件经加工后，几何公差符合图样要求。

（3）工件经加工后，表面粗糙度符合图样要求。

（4）正确执行安全技术操作规程。

（5）按企业有关文明生产规定，做到保持工作场地整洁，工件、工具摆放整齐。

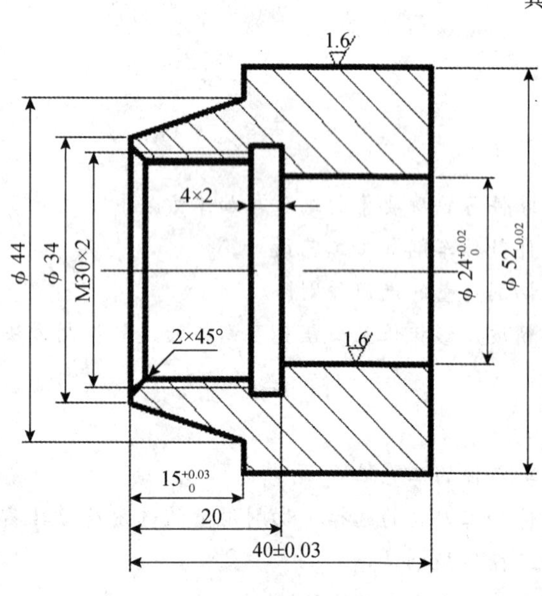

(a)

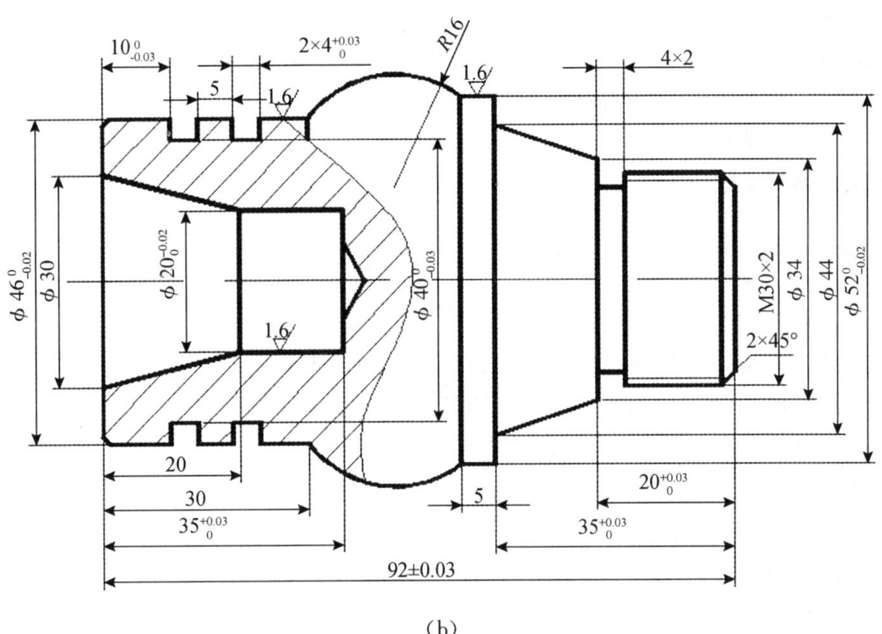

（b）

图 7.4.1　轴、套配合件

（a）套筒零件　（b）轴类零件

1. 图样分析

该组合件主要由以下几大块组成：外圆、外螺纹、外沟槽、内孔、内螺纹、内沟槽

从图 7.4.1 结构上看，该轴类零件由外圆柱面、外圆弧面、外螺纹、外沟槽、内孔等表面所组成，该套筒零件由外圆柱面、外锥面、内螺纹及内沟槽、内孔等所组成，轴套零件较复杂，都适合车削加工。另外，该零件的尺寸标注完整，轮廓描述清楚，且尺寸标注都有利于定位基准和编程原点的统一，符合数控加工尺寸标注的要求。

（1）尺寸精度。从尺寸上看，轴类零件直径径尺寸 ϕ52 mm、ϕ46 mm、ϕ40 mm、ϕ200 mm 四处加工精度较高，套筒零件 ϕ52 mm、ϕ24 mm 两处加工精度较高，其轴与套筒有较高的配合精度要求，都需仔细对刀和认真调整机床。

（2）表面粗糙度。轴套零件都有较高的表面粗糙度要求，表面粗糙度值为 1.6 μm，公差等级在 IT8～IT7 之间，其余为 3.2 μm。

2. 工件的装夹与定位

装夹方式：采用三爪自定心卡盘进行定位与装夹。在掉头装夹时，应采用铜皮包裹夹持部分，以防卡爪夹伤表面。

定位基准：为保证工件两端面与工件轴线的垂直度，外轮廓加工时一般以毛坯光整面为定位基准。

3. 加工方案

（1）零件 b 加工。

①夹外圆右端，平端面钻中心孔，再用 $\phi18$ 的钻头钻孔，孔深 35 mm。

②左端外圆粗加工，加工至 $\phi52$ 外圆处，精加工各档外圆。

③加工 2×4 两处外槽，至精度要求。

④粗加工内孔，精加工内孔至精加工要求。

⑤掉头夹 $\phi46$ 的外圆，打表找正，平端面控制总长。

⑥粗精车螺纹外圆和锥面，精加工至尺寸要求。

⑦车螺纹退刀槽。

⑧车螺纹，加工至通规通、止规止。

（2）零件 a 加工。

①夹外圆左端，平端面钻中心孔，再用 $\phi22$ 的钻头钻通孔。

②粗加工 $\phi52$ 外圆，精加工至尺寸要求。

③掉头夹 $\phi52$ 外圆，平端面控制总长。

④车外锥至加工精度。

⑤粗加工内孔，精加工内孔至精度要求。

⑥车螺纹退刀槽。

⑦车内螺纹，加工至通规通、止规止。

4. 刀具及工、量具的选择

（1）刀具的选择。

①内孔刀。

• 选用 $\phi3$ 的中心钻钻削中心孔，$\phi18$、$\phi22$ 的钻头钻孔。

• 粗、精车内轮廓及时选用 93°硬质合金内孔刀（刀尖角 35°、刀尖圆弧半径 0.4 mm）。

• 内螺纹退刀槽采用 4 mm 的内沟槽刀加工。

• 车削内螺纹选用 60°硬质合金内螺纹车刀。

②外圆刀。

• 粗、精车外轮廓及平端面时选用 93°硬质合金外圆刀（刀尖角 35°、刀尖圆弧半径 0.4 mm）。

- 螺纹退刀槽采用 4 mm 切槽刀加工。
- 车削螺纹选用 60°硬质合金外螺纹车刀。

(2) 工、量具的选择。量具的选择应考虑与被测工件的外形，位置，被测尺寸的大小，尺寸公差相适应，每份量具一把（或一套）其选择如下：

游标卡尺（0～150 mm，0.02）：测量轮廓的基本尺寸。

外径千分尺（25～50 mm，50～75 mm）：测量凸台的基本尺寸。

内径千分尺（0～25mm，25～50mm）：测量孔的直径。

圆弧样板（*R*16）：测量圆弧半径。

M30×2 螺纹塞规、环规（同规格）各一套。

5. 切削用量的选择

(1) 背吃刀量的选择。粗车外轮廓时选用 a_p＝2 mm，精车外轮廓时选用 a_p＝0.5 mm；外螺纹车削选用 a_p＝0.3 mm。粗车内轮廓时选用 a_p＝1 mm，精车内轮廓时选用 a_p＝0.5 mm；内螺纹车削选用 a_p＝0.3 mm。

(2) 主轴转速的选择。选择外轮廓粗加工转速 800 r/min，精车为 1 500 r/min。车外螺纹时，主轴转速 n＝400 r/min。切外槽时，主轴转速 n＝400 r/min。选择内轮廓粗加工转速 700 r/min，精车内轮廓为 1 000 r/min。车内螺纹时，主轴转速 n＝400 r/min。车内沟槽时，主轴转速 n＝300 r/min。

(3) 进给速度的选择。根据背吃刀量和主轴转速选择进给速度，分别选择外轮廓粗精车的进给速度为130 mm/min和 120 mm/min；切外槽的进给速度为 30 mm/min。内轮廓粗精车的进给速度分别为 100 mm/min 和 90 mm/min；切内沟槽的进给速度为 20 mm/min。

1. 数控加工工序卡的编制

(1) 数控加工工序卡（见表 7.4.1～表 7.4.3）。

表 7.4.1　数车加工工序卡

数控加工工序卡		产品名称		零件图号	夹具名称		工序号
工步号	工步内容	轴		7.4.1	三爪自定心卡盘		01
		切削用量			刀具		备注
		主轴转速 n/（r/min）	进给速度 f/（mm/r）	背吃刀量 a_p/mm	编号	名称	
1	加工工件端面	800	0.2	0.5	T01	93°外圆刀	

（续表）

数控加工工序卡		产品名称		零件图号	夹具名称		工序号
		轴		7.4.1	三爪自定心卡盘		01
工步号	工步内容	切削用量			刀具		备注
		主轴转速 n/（r/min）	进给速度 f/（mm/r）	背吃刀量 a_p/mm	编号	名称	
2	粗车工件外轮廓（左端）	800	0.15	2	T01	同上	
3	精车工件外轮廓（左端）	1 500	0.08	0.5	T01	同上	
4	车外槽	400	0.05	4	T02	外切槽刀	
5	粗车工件内轮廓	700	0.15	1	T04	93°内孔刀	
6	精车工件内轮廓	1000	0.08	0.5	T04	93°内孔刀	
编制		审核		批准		共　页	第　页

表 7.4.2　数车加工工序卡

数车加工工序卡		产品名称		零件图号	夹具名称		工序号
		轴		7.4.1	三爪自定心卡盘		01
工步号	工步内容	切削用量			刀具		备注
		主轴转速 n/（r/min）	进给速度 f/（mm/r）	背吃刀量 a_p/mm	编号	名称	
1	粗车工件外轮廓（右端）	800	0.15	2	T01	93°外圆刀	
2	精车工件外轮廓（右端）	1500	0.08	0.5	T01	同上	
3	车内螺纹退刀槽	300	0.05	4×2	T05	外沟槽刀	
4	车削内螺纹 M30×2	400	螺距 2	0.3	T06	外螺纹刀	
5	检验、校核						
编制		审核		批准		共　页	第　页

表 7.4.3　数车加工工序卡

数车加工工序卡		产品名称		零件图号	夹具名称		工序号
工步号	工步内容	套		7.4.1	三爪自定心卡盘		01
		切削用量			刀具		备注
		主轴转速 $n/$（r/min）	进给速度 $f/$（mm/r）	背吃刀量 a_p/mm	编号	名称	
1	ϕ52 外圆加工	800	0.15	2	T01	93°外圆刀	
2	左端外轮廓粗加工	粗 800	0.15	粗 2	T01	同上	
3	左端外轮廓精加工	精 1 500	0.08	精 0.5	T01	同上	
4	粗车工件内轮廓	700	0.15	1	T04	93°内孔刀	
5	精车工件内轮廓	1 000	0.08	0.5	T04	同上	
6	车内螺纹退刀槽	300	0.05	4x2	T05	内沟槽刀	
7	车削内螺纹 M30×2	400	螺距 2	0.3	T06	内螺纹刀	
8	检验、校核						
编制	审核			批准		共　页	第　页

(2) 数车加工刀具卡（见表 7.4.4）。

表 7.4.4　数控加工刀具卡

序号	刀具名称	刀具清单				共 1 页　第 1 页
		刀具规格				备注
		刀柄规格	代号	刀片规格	刀尖半径	
1	93°外圆刀	25×25	T0101	硬质合金	0.4mm	刀尖 35°，加工表面：外轮廓
2	外切槽刀	25×25	T0202	涂层	4 mm 刃宽	加工表面：外螺纹退刀槽
3	外螺纹刀	25×25	T0303	硬质合金		刀尖 60°，加工表面：外螺纹
4	93°内孔刀	ϕ16	T0404	硬质合金	0.4 mm	刀尖 35°，加工表面：内轮廓
5	内沟槽刀	ϕ20	T0505	涂层	4 mm 刃宽	加工表面：内螺纹退刀槽
6	内螺纹刀	ϕ20	T0606	硬质合金		刀尖 60°，加工表面：内螺纹
7	ϕ3 的中心钻	A 型	—	高速工具钢		钻中心孔
8	ϕ18 的钻头	锥柄	—	硬质合金		钻孔
9	ϕ22 的钻头	锥柄	—	硬质合金		钻孔

2. 加工程序的编制

程序清单如表 7.4.5～表 7.4.15 所示。

表 7.4.5　零件 b 左端轮廓加工程序

序　号	01	零件图号	7.4.1	编程原点	工件左端面与中心轴线交点
程序号	O0001	数控系统	FANUC-0i	编　制	零件 b 左端粗加工复合循环及精加工程序
程　序			注　释		
O0001；			程序名		
N10 M03 S800 M08；			主轴正转，转速 800 r/min，冷却液开		
N20 T0101；			刀具选择		
N30 G00 X62 Z5；			快速点定位，工件加工起始点		
N40 G71 U2 R5；			外径粗车循环		
N50 G71 P140 Q200 U0.5 W0.1 F0.15；					
N60 G00 X100；			退刀		
N70 Z100；					
N80 M05；			主轴停转		
N90 M00 M09；			程序暂停，冷却液关		
N100 M03 S1500 M08；			主轴正转，转速 1 500 r/min，冷却液开		
N120 T0101；			刀具选择		
N130 G00 X62 Z5；			快速点定位，工件加工起始点		
N140 G42 G00 X44 Z3；			刀具靠近工件起始点，刀补建立		
N150 G01 Z0 F0.08；					
N160 X46 Z−1；			倒角		
N170 Z−30；					
N180 G03 X52 Z−52 R16；					
N190 G01 Z−70；					
N200 G40 G00 X62；			加工结束，刀补取消		
N210 X100；			退刀		
N220 Z100；					
N230 M05 M09；			主轴停转，冷却液关		
N240 M30；			程序结束，返回程序头		

表 7.4.6　零件 b 左端外沟槽加工程序

序号	02	零件图号	7.4.1	编程原点	工件左端面与中心轴线交点
程序号	O0002	数控系统	FANUC-0i	编　制	零件 b2×4 外槽加工（左刀点对刀）

程　序	注　释
O0002；	程序名
M03 S400 M08；	主轴正转，转速 400 r/min，冷却液开
T0202；	刀具选择
G00 X47 Z5；	快速点定位，工件加工起始点
Z−14；	
G01 X40 F0.05；	切第一个槽
X47；	
G00 Z−23；	
G01 X40；	切第二个槽
X47；	
G00 X100；	退刀
Z100；	
M05 M09；	主轴停转，冷却液关
M30；	程序结束，返回程序头

表 7.4.7　零件 b 左端内轮廓加工程序

序号	03	零件图号	7.4.1	编程原点	工件左端面与中心轴线交点
程序号	OO0003	数控系统	FANUC-0i	编　制	零件 b 内孔粗加工复合循环及精加工程序

程　序	注　释
O0003；	程序名
N10 M03 S700 M08；	主轴正转，转速 700 r/min，冷却液开
N20 T0404；	刀具选择
N30 G00 X18 Z5；	快速点定位，工件加工起始点
N40 G71 U1 R0.5；	内径粗车循环
N50 G71 P130 Q170 U−0.5 W0.1 F0.15；	
N60 G00 X18；	退刀
N70 Z100；	
N80 M05；	主轴停转

（续表）

序号	03	零件图号	7.4.1	编程原点	工件左端面与中心轴线交点
程序号	OO0003	数控系统	FANUC-0i	编　制	零件 b 内孔粗加工复合循环及精加工程序
程　序			注　释		
O0003；			程序名		
N90 M00 M09；			程序暂停，冷却液关		
N100 M03 S1000 M08；			主轴正转，转速 1 000 r/min，冷却液开		
N110 T0404；			刀具选择		
N120 G00 X18 Z5；			快速点定位，工件加工起始点		
N130 G41 G00 X30 Z3；			刀具靠近工件起始点，刀补建立		
N140 G01 Z0 F0.08；					
N150 X20 Z—20；					
N160 Z—35；					
N170 G40 G00 X18；			加工结束，刀补取消		
N180 Z100；			退刀		
N190 M05 M09；			主轴停转，冷却液关		
N200 M30；			程序结束，返回程序头		

表 7.4.8　零件 b 右端外轮廓加工程序

序号	04	零件图号	7.4.1	编程原点	工件右端面与中心轴线交点
程序号	O0004	数控系统	FANUC-0i	编　制	零件 b 右端粗加工复合循环及精加工程序
程　序			注　释		
O0004；			程序名		
N10 M03 S800 M08；			主轴正转，转速 800 r/min，冷却液开		
N20 T0101；			刀具选择		
N30 G00 X62 Z5；			快速点定位，工件加工起始点		
N40 G71 U2 R5；			外径粗车循环		
N50 G71 P130 Q190 U0.5 W0.1 F0.15；					
N60 G00 X100；			退刀		
N70 Z100；					

（续表）

序号	04	零件图号	7.4.1	编程原点	工件右端面与中心轴线交点
程序号	O0004	数控系统	FANUC-0i	编　制	零件 b 端粗加工复合循环及精加工程序
程　序			注　释		
O0004;			程序名		
N80 M05;			主轴停转		
N90 M00 M09;			程序暂停，冷却液关		
N100 M03 S1500 M08;			主轴正转，转速 1 500 r/min，冷却液开		
N110 T0101;			刀具选择		
N120 G00 X62 Z5;			快速点定位，工件加工起始点		
N130 G42 G00 X26 Z3;			刀具靠近工件起始点，刀补建立		
N140 G01 Z0 F0.08;					
N150 X30 Z−2;			倒角		
N160 Z−20;					
N170 X34;					
N180 X44 Z−35;					
N190 G40 G00 X62;			加工结束，刀补取消		
N200 X100;			退刀		
N210 Z100;					
N220 M05 M09;			主轴停转，冷却液关		
N230 M30;			程序结束，返回程序头		

表 7.4.9　零件 b 右端螺纹退刀槽加工程序

序号	05	零件图号	7.4.1	编程原点	工件右端面与中心轴线交点
程序号	O0005	数控系统	FANUC-0i	编　制	外螺纹退刀槽（左刀点对刀）
程　序			注　释		
O0005;			程序名		
N10 M03 S400 M08;			主轴正转，转速 400 r/min，冷却液开		
N20 T0202;			刀具选择		
N30 G00 X40 Z5;			快速点定位，工件加工起始点		

（续表）

序号	05	零件图号	7.4.1	编程原点	工件右端面与中心轴线交点
程序号	O0005	数控系统	FANUC-0i	编　制	外螺纹退刀槽（左刀点对刀）
程　序			注　释		
O0005；			程序名		
N40 Z－20；					
N50 G01 X26 F30；					
N60 X40；					
N70 G00 X100；			退刀		
N80 Z100；					
N90 M05 M09；			主轴停转，冷却液关		
N100M30；			程序结束，返回程序头		

表 7.4.10　零件 b 右端螺纹加工程序

序号	06	零件图号	7.4.1	编程原点	工件右端面与中心轴线交点
程序号	O0006	数控系统	FANUC-0i	编　制	外螺纹加工程序
程　序			注　释		
O0006；			程序名		
N10 M03 S400 M08；			主轴正转，转速 400 r/min，冷却液开		
N20 T0303；			刀具选择		
N30 G00 X35 Z5；			快速点定位，工件加工起始点		
N40 G76 P051260 Q60 R0.06；			外螺纹复合循环		
N50 G76 X27.4 Z－17 R0 P1299 Q400 F2；			退刀		
N60 G00 X100；			主轴停转，冷却液关		
N70 Z100；					
N80 M05 M09；			程序结束，返回程序头		
N90 M30；			主轴正转，转速 400 r/min，冷却液开		

表 7.4.11　零件 a 右端外圆加工程序

序号	07	零件图号	7.4.1	编程原点	工件右端面与中心轴线交点
程序号	O0007	数控系统	FANUC-0i	编　制	零件 aϕ52 外圆加工

程　序	注　释
O0007；	程序名
N10 M03 S800 M08；	主轴正转，转速 800 r/min，冷却液开
N20 T0101；	刀具选择
N30 G00 X55 Z5；	快速点定位，工件加工起始点
N40 X52；	
N50 G01 Z−26 F0.15；	
N60 G00 X100；	退刀
N70 Z100；	
N80 M05 M09；	主轴停转，冷却液关
N90 M30；	程序结束，返回程序头

表 7.4.12　零件 a 左端外轮廓加工程序

序号	08	零件图号	7.4.1	编程原点	工件左端面与中心轴线交点
程序号	O0008	数控系统	FANUC-0i	编　制	零件 a 左端粗加工复合循环及精加工程序

程　序	注　释
O0008；	程序名
N10 M03 S800 M08；	主轴正转，转速 800 r/min，冷却液开
N20 T0101；	刀具选择
N30 G00 X57 Z5；	快速点定位，工件加工起始点
N40 G71 U2 R5；	外径粗车循环
N50 G71 P130 Q160 U0.5 W0.1 F0.15；	
N60 G00 X100；	退刀
N70 Z100；	
N80 M05；	主轴停转
N90 M00 M09；	程序暂停，冷却液关
N100 M03 S1500 M08；	主轴正转，转速 1 500 r/min，冷却液开
N110 T0101；	刀具选择
N120 G00 X57 Z5；	快速点定位，工件加工起始点

（续表）

序号	08	零件图号	7.4.1	编程原点	工件左端面与中心轴线交点
程序号	O0008	数控系统	FANUC-0i	编　制	零件 a 左端粗加工复合循环及精加工程序
程　序			注　释		
O0008；			程序名		
N130 G42 G00 X34 Z3；			刀具靠近工件起始点，刀补建立		
N140 G01 Z0 F0.1；					
N150 X44 Z−15；					
N160 G40 G00 X57；			加工结束，刀补取消		
N170 X100；			退刀		
N180 Z100；					
N190 M05 M09；			主轴停转，冷却液关		
N200 M30；			程序结束，返回程序头		

表 7.4.13　零件 a 内轮廓加工程序

序号	09	零件图号	7.4.1	编程原点	工件左端面与中心轴线交点
程序号	O0009	数控系统	FANUC-0i	编　制	零件 a 内孔粗加工复合循环及精加工程序
程　序			注　释		
O0009；			程序名		
N10 M03 S700 M08；			主轴正转，转速 700 r/min，冷却液开		
N20 T0404；			刀具选择		
N30 G00 X22 Z5；			快速点定位，工件加工起始点		
N40 G71 U1 R0.5；			内径粗车循环		
N50 G71 P130 Q190 U − 0.5 W0.1 F0.15；					
N60 G00 X22；			退刀		
N70 Z100；					
N80 M05；			主轴停转		
N90M00 M09；			程序暂停，冷却液关		
N100 M03 S1000 M08；			主轴正转，转速 1 000 r/min，冷却液开		
N110 T0101；			刀具选择		
N120 G00 X22 Z5；			快速点定位，工件加工起始点		

（续表）

序号	09	零件图号	7.4.1	编程原点	工件左端面与中心轴线交点
程序号	O0009	数控系统	FANUC-0i	编　制	零件 a 内孔粗加工复合循环及精加工程序
程　序			注　释		
O0009；			程序名		
N130 G41 G00 X31.47 Z3；			刀具靠近工件起始点，刀补建立		
N140 G01 Z0 F0.08；					
N150 X27.4 Z−2；			倒角		
N160 Z−20；					
N170 X24；					
N180 Z−41；					
N190 G40 G00 X22；					
N200 Z100；			加工结束，刀补取消		
N210 M05 M09；			退刀		
N220 M30；			主轴停转，冷却液关		

表 7.4.14　零件 a 内螺纹退刀槽加工程序

序号	10	零件图号	7.4.1	编程原点	工件左端面与中心轴线交点
程序号	O0010	数控系统	FANUC-0i	编　制	零件 a 内螺纹退刀槽加工程序（左刀点对刀）
程　序			注　释		
O0010；			程序名		
N10 M03 S300 M08；			主轴正转，转速 300 r/min，冷却液开		
N20 T0505；			刀具选择		
N30 G00 X25 Z5；			快速点定位，工件加工起始点		
N40 Z−20；					
N50 G01 X31.4 F0.05；			切槽		
N60 X25；			退刀		
N70 G00 Z100；					
N80 M05 M09；			主轴停转，冷却液关		
N90 M30；			程序结束，返回程序头		

表 7.4.15　零件 a 内螺纹加工程序

<table>
<tr><td>序号</td><td>11</td><td>零件图号</td><td>7.4.1</td><td>编程原点</td><td>工件左端面与中心轴线交点</td></tr>
<tr><td>程序号</td><td>O0011</td><td>数控系统</td><td>FANUC-0i</td><td>编　制</td><td>零件 a 内螺纹加工程序</td></tr>
<tr><td colspan="3">程　　序</td><td colspan="3">注　　释</td></tr>
<tr><td colspan="3">O0011；</td><td colspan="3">程序名</td></tr>
<tr><td colspan="3">N10 M03 S400 M08；</td><td colspan="3">主轴正转，转速 400 r/min，冷却液开</td></tr>
<tr><td colspan="3">N20 T0606；</td><td colspan="3">刀具选择</td></tr>
<tr><td colspan="3">N30 G00 X25 Z5；</td><td colspan="3">快速点定位，工件加工起始点</td></tr>
<tr><td colspan="3">请思考：这样用 G76 加工内孔螺纹没问题么？
N40 G76 P051260 Q60 R0.06；</td><td colspan="3" rowspan="2">内螺纹复合循环</td></tr>
<tr><td colspan="3">N50 G76 X30 Z－17 R0 P1299 Q400 F2；</td></tr>
<tr><td colspan="3">N60 G00 X25；</td><td colspan="3" rowspan="2">退刀</td></tr>
<tr><td colspan="3">N70 Z100；</td></tr>
<tr><td colspan="3">N80 M05 M09；</td><td colspan="3">主轴停转，冷却液关</td></tr>
<tr><td colspan="3">N90 M30；</td><td colspan="3">程序结束，返回程序头</td></tr>
</table>

3. 数控加工

（1）检查毛坯料尺寸。

（2）使用钢直尺测量毛坯件尺寸，要求轴类零件毛坯尺寸为 ϕ60 mm×95 mm，套筒类零件毛坯尺寸为 ϕ55 mm×45 mm。

（3）开机。

（4）返回参考点。

（5）装夹工件。

（6）安装刀具。

（7）对刀。

（8）程序输入与程序调试。

（9）试运行。

（10）自动加工及尺寸控制。

（11）去除毛刺。

（12）质量检验。

（13）后续工作。

1. 检验内容分析

本任务零件质量检验包括：外圆直径的测量；端面和台阶的测量；圆角的测量。

2. 测量工具

游标卡尺（0～150 mm）：测量轮廓的基本尺寸。
外径千分尺（25～50 mm，50～75 mm）：测量凸台的基本尺寸。
内径千分尺（0～25 mm，25～50 mm）：测量孔的直径。
圆弧样板（$R16$）：测量圆弧半径。
M30×2 螺纹塞规、环规（同规格）各一套。

3. 零件质量检验表

零件尺寸检查内容如表 7.4.16、表 7.4.17 所示。

表 7.4.16　零件 b 尺寸检查内容

序号	配分	自检要素				检测　允许=±0.03		备　注	
		直径/长度/Ra	基本尺寸	上偏差	下偏差	直径/长度/Ra	实测值	测量工具	评分标准
1	4	ϕ	46	0	−0.02	ϕ			
2	4	ϕ	52	0	−0.02	ϕ			
3	4	ϕ	40	0	−0.25	ϕ			
4	4	ϕ	20	0	−0.21				
5	4	M	30×2			M			
6	4	L	30	+0.0125	−0.1250	L			
7	4	L	10	0	−0.03	L			
8	4	L	4 两处）	+0.03	0	L			
9	8	L	35（2 处）	+0.03	0	L			
10	4	L	20	+0.03	0	L			
11	4	L	92	+0.03	−0.03	L			
12	4	R	16			R			
13	4	C	2			C			
总计分数		56		总得分数					

表 7.4.17　零件 a 尺寸检查内容

序号	配分	自检要素				检测　允许=±0.03		备　注	
		直径/长度/Ra	基本尺寸	上偏差	下偏差	直径/长度/Ra	实测值	测量工具	评分标准
1	4	ϕ	52	0	−0.02	ϕ			
2	4	ϕ	24	0.02	0	ϕ			
3	4	L	15	+0.03	0	L			
4	4	L	20	+0.015	−0.015	L			
5	4	L	40	+0.03	−0.03	L			
6	4	C	2			C			
未注倒角	2.5								
表面粗糙度	2.5								
工件完整	2.5								
程序编制	5								
加工时间	7.5								
总计分数		44		总得分数					

4. 任务评价

任务评价如表 7.4.18 所示。

表 7.4.18　任务评价

序号	任务目标	相关内容	相关要求	学生自评	教师评价	实训效果
1	掌握配合类零件进行数控车削加工工艺分析并制定工艺规程	分析零件图样技术要求和制定加工工艺方案案例	能看懂零件图，学会设计加工工艺			
2	掌握选择配合类零件数控车削加工所用刀具材料及配合刀具几何参数的合理选择	车削刀具的认知与刀具的选择方法	能正确合理的选择车削刀具			

（续表）

序号	任务目标	相关内容	相关要求	学生自评	教师评价	实训效果
3	能正确合理的确定配合件轴、套表面零件加工切削用量	切削用量三要素的选择及金属切削工艺手册的使用	能根据手册或者实际加工经验合理确定切削用量的选择			
4	掌握配合件轴、套表面的数控车削加工程序的编制及加工操作	数控车床编程的基本概念及零件加工程序的编写	了解编写程序书写的方法与各代码书写格式；能书写较负责的配合零件的加工程序			
		刀位数据处理	能正确计算各刀位点的坐标值			
5	掌握程序校正及加工应用	程序校正及加工检查	掌握正确的校正方法和操作，能判断等程序的正确性			
6	能对配合类零件轴、套表面进行质量评估并能初步分析超差原因	游标卡尺、内径千分尺等的使用方法	掌握配合件表面尺寸的正确测量方法及误差分析			
7	工量具摆放、机床维护与保养	5S 管理	掌握工量具正确、合理的摆放；掌握机床使用后的维护与保养			
8	安全操作	数控车床安全操作规程	养成良好的安全的操作习惯			
9	数车加工熟练度	配合件表面程序编制与车床操作	在规定时间内完成加工任务			

控制尺寸精度的技巧

1. 修改刀补值保证尺寸精度

由于第一次对刀误差或者其他原因造成工件误差超出工件公差，不能满足加工要求时，可通过修改刀补使工件达到要求尺寸，保证径向尺寸方法如下：

(1) 绝对坐标输入法。根据“大减小，小加大”的原则，在刀补 001～004 处修改。如用 2 号切断刀切槽时工件尺寸大了 0.1 mm，而 002 处刀补显示是 X3.8，则可输入 X3.7，减少 2 号刀补。

(2) 相对坐标法。如上例，002 刀补处输入 U－0.1，亦可收到同样的效果。

同理，对于轴向尺寸的控制亦如此类推。如用 1 号外圆刀加工某处轴段，尺寸长了 0.1 mm，可在 001 刀补处输入 W0.1。

(3) 半精加工消除丝杆间隙影响保证尺寸精度。对于大部分数控车床来说，使用较长时间后，由于丝杆间隙的影响，加工出的工件尺寸经常出现不稳定的现象。这时，我们可在粗加工之后，进行一次半精加工消除丝杆间隙的影响。如用 1 号刀 G71 粗加工外圆之后，可在 001 刀补处输入 U0.3，调用 G70 精车一次，停车测量后，再在 001 刀补处输入 U－0.3，再次调用 G70 精车一次。经过此番半精车，消除了丝杆间隙的影响，保证了尺寸精度的稳定。

(4) 编程有绝对编程和相对编程。相对编程是指在加工轮廓曲线上，各线段的终点位置以该线段起点为坐标原点而确定的坐标系。也就是说，相对编程的坐标原点经常在变换，连续位移时必然产生累积误差，绝对编程是在加工的全过程中，均有相对统一的基准点，即坐标原点，故累积误差较相对编程小。数控车削工件时，工件径向尺寸的精度一般比轴向尺寸精度高，故在编写程序时，径向尺寸最好采用绝对编程，考虑到加工及编写程序的方便，轴向尺寸常采用相对编程，但对于重要的轴向尺寸，最好采用绝对编程。

(5) 采用中值尺寸编程保证尺寸精度。很多情况下，图样上的尺寸基准与编程所需的尺寸基准不一致，故应先将图样上的基准尺寸换算为编程坐标系中的尺寸。其次用中值尺寸编程就是按照零件尺寸公差的中间值编程，在编写加工程序时，采用坐标尺寸把图纸上标注的极限尺寸平均后得到的尺寸作为编程尺寸，这样在极限尺寸不变的情况下，尺寸的公差变化范围变大，尺寸就不以超差。如在编制图 7.4.2 所示的程序时，可把 X 尺寸分别修改为 59.975、55.975，轴向尺寸的控制可参考径向尺寸的控制方法。

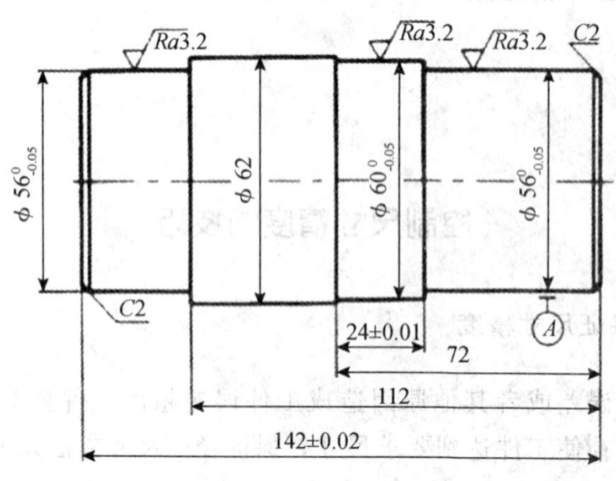

图 7.4.2　被加工零件

2. 修改程序和刀补控制尺寸

数控加工中，我们经常碰到这样一种现象：程序自动运行后，停车测量，发现工件尺寸达不到要求，尺寸变化无规律。如用 1 号外圆刀加工图 3 所示工件，经粗加工和半精加工后停车测量，各轴段径向尺寸如下：ϕ30.06 mm、ϕ23.03 mm 及 ϕ16.02 mm。对此，笔者采用修改程序和刀补的方法进行补救，方法如下：

(1) 修改程序。原程序中的 X30 不变，X23 改为 X23.03，X16 改为 X16.04，则各轴段均有超出名义尺寸的统一公差 0.06 mm。

(2) 改刀补。在 1 号刀刀补 001 处输入 U－0.06。

经过上述程序和刀补双管齐下的修改后，再调用精车程序，工件尺寸一般都能得到有效的保证。

数控车削加工是基于数控程序的自动化加工方式，实际加工中，操作者只有具备较强的程序指令运用能力和丰富的实践技能，方能编制出高质量的加工程序，加工出高质量的工件。

拓展练习

如图 7.4.3 所示零件图，现要求选择合理的加工工艺，进行工艺卡片的编制和零件的编程。

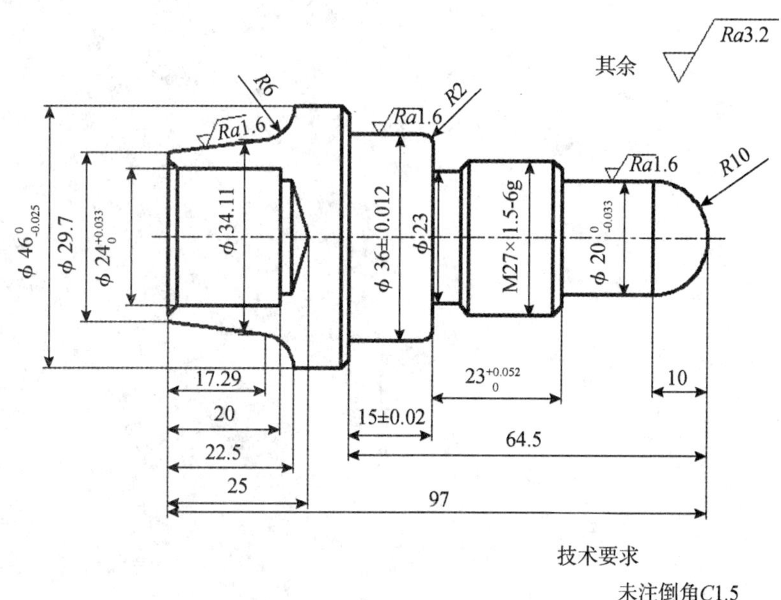

件 1

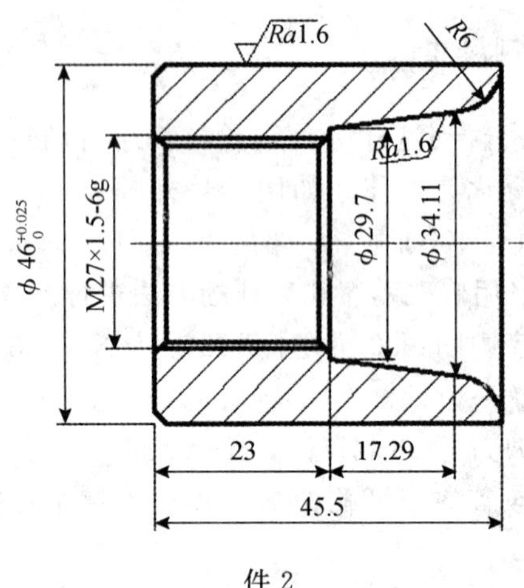

件 2

技术要求：

（1）锐边倒角 C0.3，未注倒角为 C1.5。

（2）涂色锥面接触面不小于 50%。

（3）圆锥与圆弧过渡光滑。

（4）未注尺寸公差按 GB/T1804－m 加工检验。

图 7.4.3　轴套件

模块8　批量生产零件加工

任务8.1　批量零件生产的编程与加工

任务目标

1. 知识目标

（1）掌握批量零件生产率提高的方法。
（2）掌握批量零件生产的编程方法。
（3）掌握批量零件生产结构工艺性分析。
（4）合理安装夹紧工件，提高装夹速度。

2. 能力目标

（1）能正确分析并制定数控加工工序卡。
（2）能选择加工刀具的切削用量及刀具参数的设定。
（3）能编写批量零件的加工程序。
（4）能正确进行零件的精度检测、数控处理及加工结果的判断;。
（5）能提交产品及工艺文件。

任务描述

1. 批量零件生产的程序编写

（1）批量零件生产率提高的方法。如何提高批量零件劳动生产率，主要有产量定额和时间定额，产量定额是指在一定的生产条件下，在单位时间内每个工人完成的合格产品数量。时间定额是指在一定的生产条件下，完成零件的一道工艺的加工或加工好一件合格成品所消耗的时间。要提高劳动生产率，必须要增加产量的定额和缩短加工的时间定额。提高劳动生产率，降低产品的生产成本，必须是在保证安全，减轻工人劳动强度，降低耗能的条件下优质高产。具体方法如下：

①数控车床最突出的优点适应性强，复杂结构零件的单件、大、小批量生产以及试制新产品提供了极大的方便。

②数控车床的精度高，质量稳定，为提高劳动生产率提供了良好的保障。通过补偿技术，数控车床可获得比本身精度更高的加工精度。提高了同批零件生产的一致性，提高产品合格率，从而加工质量得到稳定。

③生产效率高。零件加工所需的时间主要包括机动时间和辅助时间两部分。数控机床主轴的转速和进给量的变化范围比单件加工更优化，每一道工序都可选用最有利的切削用量。由于数控车床结构刚性好，因此允许进行大切削用量的强力切削，这就提高了数控车床的切削效率，节省了机动时间。数控机床的移动部件空行程运动速度快，工件装夹时间短，刀具自动更换，辅助时间少，大大地提高了劳动生产率。

（2）批量零件生产的编程方法。批量零件生产的编程与单件生产的编程方法有相同点与不同点

①相同点：机床一样，使用的功能代码格式一样，保证加工产品的质量一样

②不同点：加工工艺不一样，加工工艺以简单快捷稳定为前提制定加工工艺。选用功能代码不一样，很少用循环功能指令。粗精加工刀具选择不一样，单件可以不用分粗精加工刀具。

③举例说明：如单件/批量加工对比如表 8.1.1 所示。

以如图 8.1.1 所示零件图样为例。

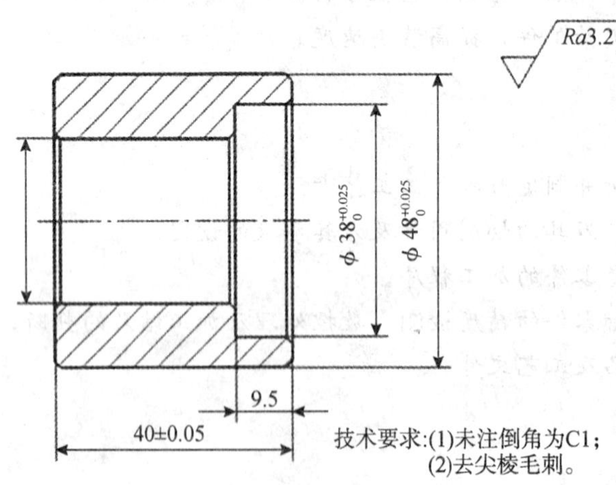

图 8.1.1　简单套类零件

表 8.1.1　单件/批量加工对比表

序号	项目	单件具体内容	批量具体内容	区　　别
1	零件图样	图 8.1.1　简单套类零件	图 8.1.1　简单套类零件	完全一样
2	产品数量	单件	批量	数量多少区别

（续表）

序号	项目	单件具体内容	批量具体内容	区　　别
3	毛坯 材料：45 钢	外轮廓为 ϕ50 mm×100 mm。实心材料	毛坯：外轮廓为 ϕ50 mm×ϕ26 mm×100 mm。空心材料	形状不一样，单件是实心，批量是空心，节省材料成本，减少加工工艺和缩短加工时间
4	加工方案	二次装夹完成	一次装夹完成	区别是批量的精度高，质量稳定
5	车刀	不分粗、精加工	粗精加工专用刀	刀具使用周期不一样，刀具的路线轨迹不一样
6	程序	程序编写多，开孔慢	程序简短而顺切削	批量少很多的步骤，例如：不用开孔，粗加工量小，节省时间
7	生产周期	长	短	同一件产品的加工周期不一样
8	成本	高	低	同一件产品的成本不一样

2. 批量零件生产加工的思考

（1）批量零件生产结构工艺性分析。零件的结构工艺性是指零件对加工方法的适应性分析，即所设计的零件结构工艺与加工成型匹配性。在结构分析时，应注意零件的位置精度要求、加工安装简便而且质量精度稳定。

（2）批量零件安装方式的选择。在数控车床上零件的安装方式与普通车床一样，要合理选择定位基准和夹紧方案，主要注意设计、工艺与编程计算的基准统一，利于提高编程时数值计算的简便性和精确性。尽量减少装夹次数，尽可能在一次装夹后，加工出全部待加工面。

（3）如何解决内孔车刀的刚性和排屑问题。车孔的关键技术是解决内孔车刀的刚性和排屑问题。增加内孔车刀的刚性，可采取尽量增加刀柄的截面积。例如：使内孔车刀的刀尖位于刀柄的中心线上，那么刀柄在孔中的截面积可大大地增加。尽可能缩短刀柄的伸出长度，以增加车刀刀柄刚性，减小切削过程中的振动。解决排屑问题，主要是控制切屑流出方向。精车孔时要求切屑流向待加工表面（前排屑）。为此，采用正刃倾角的内孔车刀；加工盲刀时，应采用负的刃倾角，使切屑从孔口排出。

（4）刀具的选择。数控加工刀具有更高的要求，不仅需要刚性好，精度高，而且要求加工时尺寸稳定，耐用度高，断屑和排屑性能好；同时要求安装调整方便，以满足数控机床高效率的要求。数控机床上所选用的刀具常采用适应高速切削性能的刀具材料（如高速钢、超细粒度硬质合金），并使用可转位刀片。

（5）批量零件加工的检测。批量零件加工的检测可直接测量出被测零件的实际尺寸，不能直接测量的零件可规检测。实现一规可检测批量系列零件实际尺寸的功能。测量工具这里不介绍。

批量生产分析

1. 大批量生产

从生产任务的工作专业性和重复程度的角度可以将制造性生产划分成大量生产、批量生产和单件生产三种类型。品种规格少，每个品种所生产的量较大，且生产是不断重复的稳定进行是大量生产的三大特点。采用该种方式进行生产的产品在可预期范围内的社会需求通常较大且在相当长的一段时间内不会发生太大的变化，可以稳定生产。例如轴承、螺钉、螺母等标准通用件，以及如小轿车和家电产品行业的产品。其生产的专业化程度较高，需要在工作地固定的完成生产的几道工序。进行大量生产时可以采用专用的工艺装备和高效的专用设备，生产车间可以按照对象专业化的原则进行设置，或者采用流水线和生产线的方式组织生产，生产效率非常高。由于生产计划和控制方面生产的规律性强，为不断的重复生产，所以可以仔细的安排和优化标准生产计划，并采用自动化的装置对生产进行全过程的监控。规律性和重复的生产活动对工人的操作技术的全面性要求较低，工只需掌握部分工序的操作技能即可，可以快速掌握技术并提高操作的熟练程度。

2. 批量生产

与大量生产方式相比，批量生产方式在产量方面要相对少得多，但是生产产品的品种则会较多，在一段计划期内需要对各产品的各个品种进行轮番生产，而且通常每个工作地都需要承担多项工序。在产品进行切换，即从一批产品切换到另一批产品的制造时，工作地上的工具和设备都需要与其配合作相应的调整，即要花一次“准备结束时间”。每个批次产量越大，则在工作地上需要对设备和工具进行调整的次数越少；反之，每个批次产量越少，则需要调整的次数就会越多。所以，在批量生产方式中进行生产管理时，需要重点关注如何合理地确定每个产品批次得数量，组织不同品种产品的轮番生产。另外，根据产品生产的重复性、稳定性和工作地专业化的程度，批量生产方式还可以进一步细分为小批量生产、中批量生产和大批量生产。其中，小批量生产和单件生产方式比较接近，而大批量生产的特点则和大量生产差不多。产品轮番

生产时通常会相隔一段时间，如果这段时间间隔保持固定不变则叫定期批量生产，而如果这个时间段并不固定则叫不定期批量生产。

3. 单件生产

与前两种生产方式不同的是，单件生产方式生产的产品对象通常是一次性需求的专用产品，不需要进行重复性生产。由于生产的产品对象是不断变化的，所以要求的工艺装备和生产设备都必须为采用通用性设备，工作地的专业化程度较低。在这种生产对象变化比较频繁的情况下，通常是遵循工艺专业化原则进行生产的，采用机群式布置的组织形式进行生产。在编制生产作业计划时不宜偏小，而应该采用从上而下逐级细化的多级编制方法进行编制，在生产指挥和监控方面则需要基层根据实际的生产运行情况灵活处置生产过程中遇到的问题，从而提高生产运作系统的适应能力。单件生产要求对工人的要求较高，不但在生产技术水平上有较高要求，而且还要求其具有较广的生产知识，以便能够快速适应不同品种产品的生产。

1. 零件的装夹

批量零件的安装从零件的技术要求开始分析，第一位置精度如何保证，要求加工快速、质量稳定、刀具使用持久及换刀方便，若是有难度的的零件，可考虑专用夹具。第二尺寸精度如何测量，方便测量工具的使用，第三考虑刀具的使用顺序，节省换刀的时间等等。

2. 按照数车加工工序卡和加工刀具卡操作

（1）数控加工工序卡（见表 8.1.2）。

表 8.1.2　数控加工工序卡

<table>
<tr><td colspan="2">数控加工工序卡</td><td>产品名称</td><td colspan="2">零件图号</td><td colspan="2">夹具名称</td><td>工序号</td></tr>
<tr><td rowspan="3">工步号</td><td rowspan="3">工步内容</td><td>****</td><td colspan="2">****</td><td colspan="2">三爪自定心卡盘</td><td>01</td></tr>
<tr><td colspan="3">切削用量</td><td colspan="2">刀具</td><td rowspan="2">备注</td></tr>
<tr><td>主轴转速
n/（r/min）</td><td>进给速度
f/（mm/r）</td><td>背吃刀量
a_p/mm</td><td>编号</td><td>名称</td></tr>
<tr><td>1</td><td></td><td></td><td></td><td></td><td></td><td></td><td></td></tr>
<tr><td>2</td><td></td><td></td><td></td><td></td><td></td><td></td><td></td></tr>
<tr><td>3</td><td></td><td></td><td></td><td></td><td></td><td></td><td></td></tr>
<tr><td></td><td></td><td></td><td></td><td></td><td></td><td></td><td></td></tr>
<tr><td></td><td></td><td></td><td></td><td></td><td></td><td></td><td></td></tr>
<tr><td>编制</td><td></td><td>审核</td><td></td><td>批准</td><td></td><td>共　页</td><td>第　页</td></tr>
</table>

（2）数控加工刀具卡（见表 8.1.3）。

表 8.1.3　数车加工刀具卡

序号	刀具名称	刀具清单			共 1 页　第 1 页	
		刀具规格				备注
		刀柄规格	代号	刀片规格	刀尖半径	
1						
2						
3						

3. 加工程序的编制

程序清单如表 8.1.4 所示。

表 8.1.4　程序清单表

序　号	01	零件图号	****	编程原点	0，0
程序号	O0001	数控系统	FANUC-0i	编　制	
程　序			注　释		
O0001；			程序名		
N10 G21 G40 G99；			程序初始化		
N20 T0101；			换 1 号外圆车刀，导入 1 号刀补		
N30 M03 S700；			主轴正转，转速为 700 r/min		
N40 M08；			切削液开		
——					
——					
N300 G00 Z200.0；			刀具沿轴向快速退出		
N310 X100.0；			刀具沿径向快速退出		
N320 M05；			主轴停止		
N330 M09；			切削液关		
N340 M30；			程序结束		

4. 数控加工

（1）检查毛坯料尺寸。

（2）使用钢直尺测量毛坯件尺寸，要求尺寸为 ϕ50 mm×100 mm。

（3）开机。

（4）返回参考点。

(5) 装夹工件。
(6) 安装刀具。
(7) 对刀。
(8) 程序输入与程序调试。
(9) 试运行。
(10) 自动加工及尺寸控制。
(11) 去除毛刺。
(12) 质量检验。
(13) 后续工作。

1. 检验内容分析

例如：零件质量检验包括：外圆直径及外圆弧的检测；端面和总长的检测；内外螺纹的配合与螺纹中径的检测。

2. 测量工具

例如：0～150 mm 带表卡尺、5～30 mm 内径千分尺、25～50 mm 内径千分尺，R 弧规，外螺纹中径千分尺。

3. 零件质量检验表

零件尺寸检查内容如表 8.1.5 所示。

表 8.1.5　零件尺寸检查内容

序号	配分	自检要素				检测　允许=±0.03		备　注		
		直径/长度/Ra	基本尺寸	上偏差	下偏差	直径/长度/Ra	实测值	测量工具	组合件名称	评分标准
1		ϕ				ϕ				
2		ϕ				ϕ				
3		M *****				M *****				
4		L								
5		L				ϕ				
6		外圆粗糙度								

（续表）

序号	配分	自检要素				检测　允许＝±0.03		备　注		
		直径/长度/*Ra*	基本尺寸	上偏差	下偏差	直径/长度/*Ra*	实测值	测量工具	组合件名称	评分标准
安全文明生产		①安全正确操作设备 ②工作场地整洁，工件、量具、夹具等器具摆放整齐规范 ③做好事故防范措施，填写交接班记录，并将出现的事故发生原因、过程及处理结果记入运行档案 ④做好环境保护 每违反一项从总分扣除 2 分，发生重大事故者取消成绩并赔偿相应的损失扣分不超过 10 分								
总计分数		100			总得分数					

4. 任务评价

任务评价如表 8.1.6 所示。

表 8.1.6　任务评价

序号	任务目标	相关内容	相关要求	学生自评	教师评价	实训效果
1	掌握批量零件生产率提高的方法	批量零件生产率提高的方法	理解如何提高批量零件生产率			
2	掌握批量零件生产的编程方法	批量零件生产的编程方法	对比批量与单件生产的编程区别			
3	掌握批量零件生产结构工艺性分析	批量零件生产加工的思考	加工的要求与工艺设计，应该注意什么？			

大批量、批量、单件生产的主要区别

根据生产方式的特点不同，表 8.1.7 描述了大量生产、批量生产和单件生产这三种生产类型的主要区别。

表 8.1.7　三种生产类型的区别

序号	类型	大批量生产	成批生产	单件成产
1	品种	少	较多	很多
2	产量	大	中	小
3	设备	专用	部分通用	通用
4	生产周期	短	长短不一	长
5	成本	低	中	高
6	追求目标	连续性	均衡性	柔性

拓展练习

现要加工如图 8.1.2 所示批量产品，零件材料为 GCr15SiMn，毛坯尺寸：ϕ12 mm ×45 mm，批量零件生产分析。小组协作进行图样分析、制定加工方案、编制工艺卡片、编制刀具卡片、编制工量具卡片分析等。

(a)

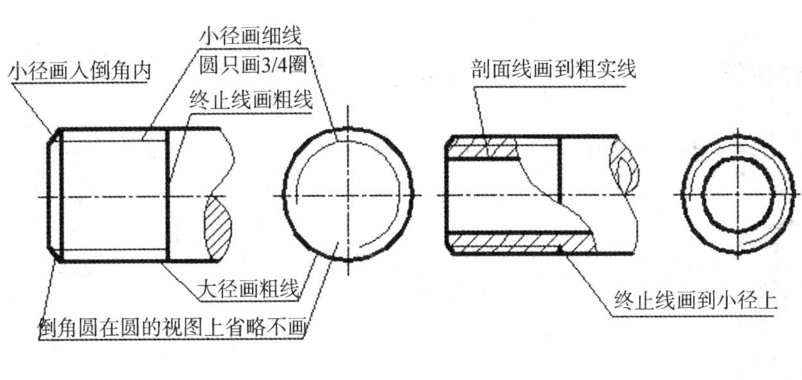

(a)　　(b)

(b)　　(c)

图 8.1.2　批量产品图样分析

(a) 实物图　(b) 剖视图的画法

任务 8.2　批量零件生产加工实例 1

1. 知识目标

（1）掌握批量零件数控车削加工工艺设计。
（2）合理选用加工刀具的方法。
（3）掌握相关加工切削用量的选用。
（4）合理运用加工循环指令。

2. 能力目标

（1）能正确分析批量零件的工艺性。
（2）能选择稳定耐用的加工刀具、符合实际的切削用量及各项参数的设定。
（3）能正确合理应用加工循环指令。
（4）能填写批量零件的工序卡。
（5）能编写批量零件的加工程序。
（6）能正确进行批量零件的精度检测。
（7）能提交产品及工艺文件。

1. 零件图样

零件钛合金心轴图样如图 8.2.1(a)、(b)所示。

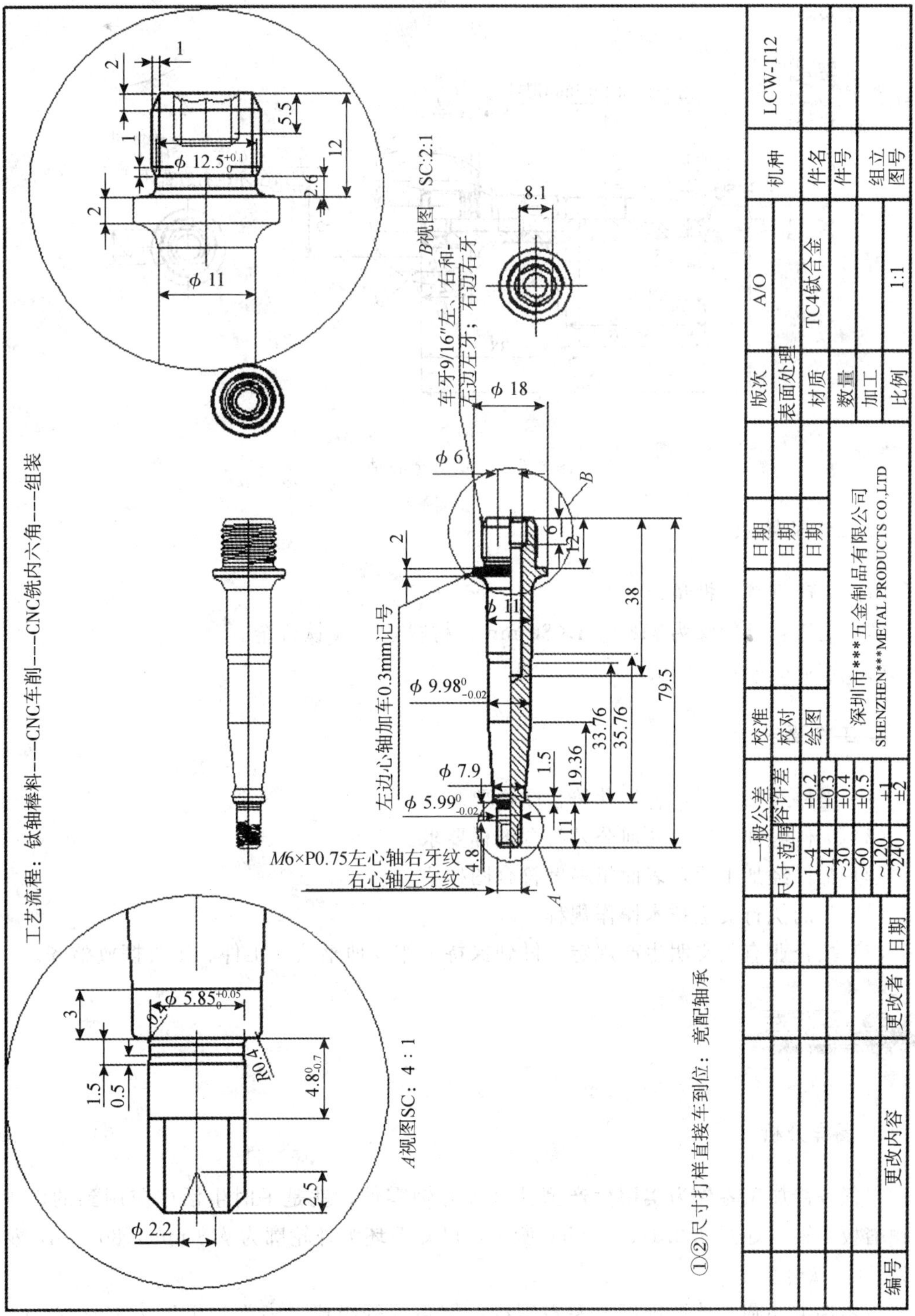

工艺流程：钛轴棒料---CNC车削---CNC铣内六角---组装

A视图SC：4：1

ϕ 2.2　1.5　0.5　3　0.4　ϕ 5.85$^{+0.05}_{0}$　R0.4　2.5　4.8$^{0}_{-0.7}$

B视图　SC:2:1

2　2　1　1　ϕ 11　ϕ 12.5$^{+0.1}_{0}$　5.5　2.6　12

M6×P0.75左心轴右牙纹
右心轴左牙纹

左边心轴加车0.3mm记号

车牙9/16″左、右和-
左边左牙；右边右牙

ϕ 5.99$^{0}_{-0.02}$　ϕ 7.9　ϕ 9.98$^{0}_{-0.02}$　ϕ 11　ϕ 6　ϕ 18　2　4.8　1.5　11　19.36　33.76　35.76　38　79.5　6　12　8.1　A　B

①②尺寸打样直接车到位：竟配轴承

				一般公差		校准		日期		版次	A/O	机种	LCW-T12
				尺寸范围	容许差	校对		日期		表面处理			
				1~4	±0.2	绘图		日期		材质	TC4钛合金	件名	
				~14	±0.3	深圳市***五金制品有限公司 SHENZHEN***METAL PRODUCTS CO.,LTD				数量		件号	
				~30	±0.4								
				~60	±0.5					加工		组立图号	
				~120	±1								
编号	更改内容	更改者	日期	~240	±2					比例	1:1		

(a)

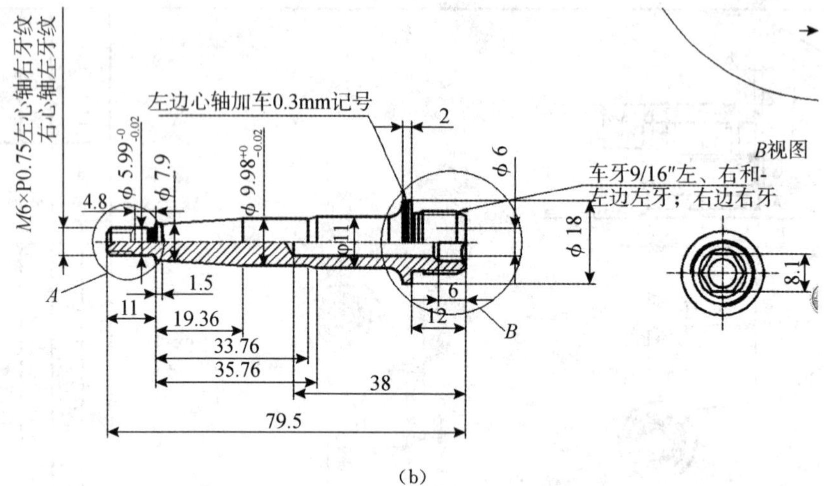

(b)

图 8.2.1　钛合金心轴

2. 工作条件

（1）生产纲领：批量。

（2）毛坯：外轮廓为 ϕ18 mm×80 mm。材料：TC4 钛合金。

（3）作业时间：9 min。

3. 工作要求

（1）工件经加工后，各尺寸符合图样要求。

（2）工件经加工后，几何公差符合图样要求。

（3）工件经加工后，表面粗糙度符合图样要求。

（4）正确执行安全技术操作规程。

（5）按企业有关文明生产规定，做到保持工作场地整洁，工件、工具摆放整齐。

1. 图样分析

本任务待加工零件为实用生产型钛合金心轴零件，就是平时生活中应用到的山地车脚踏板心轴。如图 8.2.1(a)、(b) 所示，已知毛坯为外轮廓为 ϕ18 mm×80 mm，材料为 TC4 钛合金。

该零件由外圆、外形锥度、左右螺纹、倒角等等组成，表面粗糙度为 *Ra*3.2 μm，外圆尺寸精度要求为 IT6～IT7，无特殊技术要求。

依零件图所示，零件要进行锐变倒钝处理，倒角尺寸为 *C*1。零件加工完毕后检查是否有毛刺，因为刀具磨损时会产生，所以要去除毛刺。

温馨提示

批量零件生产过程中尺寸精度的保证，主要是正确合理的加工工艺设计，能精准定位的安装系统，并在操作过程中的准确对刀、正确设置刀具补偿和磨耗等措施来保证；几何精度的保证，主要选择并调整机床的机械精度，符合批量零件生产的要求，使用的刀具强度及耐磨性能等等措施来保证；表面粗糙度的保证，主要选用合适的刀具及其集合参数，正确的粗、精加工路线，合理的切削用量及冷却措施来保证。

2. 工件的装夹与定位

装夹方式：采用三爪自定心卡盘进行定位与装夹，工件装夹过程中，应对工件进行找正，以保证工件中心轴线与主轴中心轴线同轴。在掉头装夹时，应采用专用的软爪夹持合理设计的部分，以防卡爪夹伤表面。

定位基准：外轮廓加工时以零件轴线为定位基准（粗基准）。

已加工外轮廓与顶针配合装夹的外圆为定位基准（精基准）。

采用专用的软爪夹持已加工外轮廓部分的外圆为定位基准（精基准）

3. 加工方案、走刀路线确定

（1）加工方案的确定。

①夹紧零件毛坯，伸出卡盘 20 mm。

②加工零件的右端面、倒角及钻中心孔。

③掉头装夹，定总长、钻 8.1 的孔，粗加工左右螺纹外形（为冲床加工内六方做好准备和掉头顶针装夹做好精定位）

④掉头三爪与顶尖装夹，粗、精加工 M6×0.75 的左右螺纹、外轮廓 ϕ11 mm 等至尺寸要求，利用中径千分尺、外径千分尺保证尺寸精度。

⑤掉头采用专用的软爪装夹，加工英制 9/16 左右螺纹。

（2）走刀路线的确定。

①粗精车外形的走刀路线如图 8.2.2 所示，其基点坐标如表 8.2.1 所示。

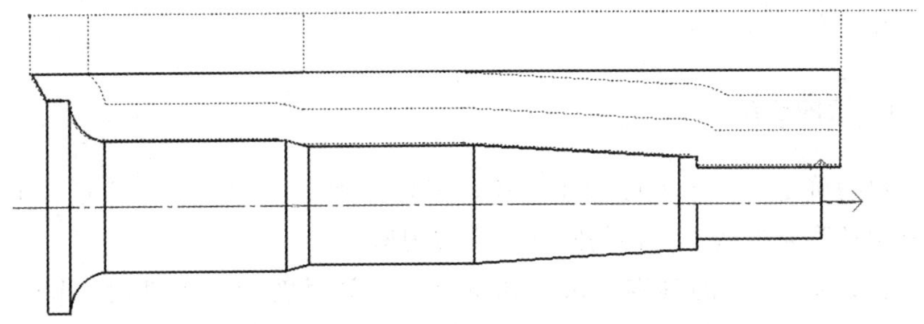

图 8.2.2　粗精车外形表面的走刀路线

表 8.2.1　粗车内孔表面的基点坐标

序　　号	X 坐标	Z 坐标
S	50	30
1	5.99	2
2	5.99	−11
3	7.9	−11
4	7.9	−12.5
5	9.98	−30.36
6	9.98	−44.76
7	11	−46.76
8	11	−62.5
9	18	−65.5
10	18	−67.6
11	19.2	−68.9
…	…	…

4. 刀具及工、量具的选择

（1）刀具的选择。根据刀具库配备情况，选用机夹式车刀，端面车刀和切槽刀刀片选用硬质合金材料，外圆车刀刀片选用涂层硬质合金材料。

刀具具体选择如下：93°外圆车刀一把，A 型 2.5 mm 中心钻一把，ϕ8 mm、麻花钻一个，45°端面车刀一把，外螺纹车刀公制、英制各一把。

（2）工、量具的选择。

钢直尺（0～300 mm）：测量毛坯尺寸。

游标卡尺（0～150 mm）：测量外圆的基本尺寸。

外径千分尺（0～25 mm）：测量外圆的尺寸。

螺纹中径千分尺一把。

5. 切削用量的选择

加工参数的确定取决于实际加工经验、工件的加工精度及表面质量、工件的材料特性、刀具的种类及形状、刀柄的刚性等诸多因素。

（1）主轴转速（n）的确定。采用硬质合金刀具材料切削钢件时，切削速度取值 80～220 m/min，根据公式 $n=1\,000v/\pi D$ 以及加工经验，结合实际情况，确定该工件粗加工时主轴转速在 400～1 000 r/min 范围内取值，精加工的主轴转速在 800～2 000 r/min 范围内取值。

（2）进给速度（f）的确定。粗加工时，为提高生产效率，在保证加工质量的前提条件下，选择较高的进给速度，一般取 100～280 mm/min。

精加工时，进给速度一般取粗加工经济速度的一半。

（3）背吃刀量（a_p）的确定。背吃刀量的选择要根据机床、刀具的刚性以及加工精度来确定，粗加工的背吃刀量一般取值为 2～5 mm。精加工的背吃刀量一般取值为0.1～0.3 mm。

6. 机床与机床系统的选择

根据工件的形状及加工要求，选用 CK6140 数控车床（前置刀架）进行简单套类零件的加工，数控系统选用 FANUC-0i 系统。

1. 数车加工工序卡的编制

（1）数车加工工序卡（见表 8.2.2～表 8.2.5）。

表 8.2.2　数车加工工序卡 1

数控加工工序卡		产品名称		零件图号	夹具名称		工序号
工步号	工步内容	钛合金心轴		8.2.1	三爪自定心卡盘		01
		切削用量			刀具		备注
		主轴转速 n/（r/min）	进给速度 f/（mm/r）	背吃刀量 a_p/mm	编号	名称	
1	三爪卡盘夹持左端毛坯外圆，伸出 35 mm，找正后夹紧	—	—	—	—	—	
2	车右端面及倒角	1 000	—	—	T0101	93°外圆车刀	Z 向对刀
3	打 A 型中心孔	1 200	0.05		T0202		
编制		审核		批准		共　页	第　页

表 8.2.3　数车加工工序卡 2

数控加工工序卡		产品名称		零件图号	夹具名称		工序号
工步号	工步内容	钛合金心轴		8.2.1	三爪自定心卡盘		01
		切削用量			刀具		备注
		主轴转速 n/（r/min）	进给速度 f/（mm/r）	背吃刀量 a_p/mm	编号	名称	
1	三爪卡盘夹持左端毛坯外圆，由主轴内定位确定伸出长度，找正后夹紧，形成精准定位	—	—	—	—	—	
2	车右端面、定长、螺纹外形及倒角（为下一道工序定位打好基础）	1 000	—	—	T0101	93°外圆车刀	Z 向对刀
3	打 A 型中心孔	1 200	0.05		T0202		
4	钻孔 ϕ8mm，为冲内六方打好基础	800	0.05	0.3	T0303		
编制		审核		批准		共　页	第　页

表 8.2.4　数车加工工序卡 3

数控加工工序卡		产品名称		零件图号	夹具名称		工序号
工步号	工步内容	钛合金心轴		8.2.1	三爪自定心卡盘		01
		切削用量			刀具		备注
		主轴转速 n/（r/min）	进给速度 f/（mm/r）	背吃刀量 a_p/mm	编号	名称	
1	三爪卡盘夹持左端螺纹粗加工的外圆，顶尖顶紧另一端后装夹紧，形成精准定位	—	—	—	—	—	
2	粗车外轮廓	1 000	—	—	T0101	93°外圆车刀	Z 向对刀
3	精车外轮廓达尺寸要求	1 700	0.15	1.0	T0101		
4	粗车外螺纹	600	0.05	0.3	T0202		
5	精车外螺纹	600	—	—	T0202		
编制		审核		批准		共　页	第　页

表 8.2.5　数车加工工序卡 4

数控加工工序卡		产品名称		零件图号	夹具名称		工序号
		钛合金心轴		8.2.1	三爪自定心卡盘		01
工步号	工步内容	切削用量			刀具		备注
		主轴转速 $n/$（r/min）	进给速度 $f/$（mm/r）	背吃刀量 a_p/mm	编号	名称	
1	调头专用软爪夹 ϕ11 mm 外圆，自动找正并夹紧。形成精准定位	—	—	—		93°外圆车刀	
2	车螺纹外形	1 000	0.15	1.0	T0101		Z 向对刀
3	粗加工螺纹	600			T0202		
4	精加工螺纹	600			T0202		
5	切槽 2 mm	600			T0303		
编制		审核		批准		共　页	第　页

（2）数控加工刀具卡（见表 8.2.6）。

表 8.2.6　数控加工刀具卡

序号	刀具名称	刀具清单				共 1 页　第 1 页
		刀具规格				备注
		刀柄规格	代号	刀片规格	刀尖半径	
1	93°外圆粗精车刀	20×20	T0101	涂层	0.4	不同的机床可以用相同的刀具号和补偿号
2	中心钻	A 型 2.5	—		—	
3	麻花钻	ϕ6、ϕ8	—	高速钢	—	
4	外螺纹公制刀	20×20	T0202	涂层	0.2	
5	外螺纹英制刀	20×20	T0202	涂层	0.2	
6	2 mm 切槽刀	20×20	T0303	涂层	0.2	
7						

2. 加工程序的编制

（1）加工 M6×0.75 端面、钻中心孔及倒角程序清单（见表 8.2.7）。

表 8.2.7　M6×0.75 端面加工程序

序　号	01	零件图号	8.2.1	编程原点	端面与回转轴中心
程序号	O0001	数控系统	FANUC-0i	编　制	M6×0.75 端面加工程序
程　序			注　释		
O0001；			程序名		
N10 G21 G40 G99；			程序初始化		
N20 T0101；			换 1 号外圆车刀，导入 1 号刀补		
N30 M03 S800；			主轴正转，转速为 800 r/min		
N40 M08；			切削液开		
N50 G00 X20 Z－1.0；			快速到达切削起点		
N60 G1 X6.8 F0.08；			*X* 向粗精车至倒角位置，加工进给量为 0.08 mm/r		
N70 G1 X4.99 Z0；			精加工倒角（因为毛坯的余量很小，可直接精加工，以节约加工时间和成本）		
N80 G01 X0.0；			精加工端面		
N90 G0 X100. Z100.0；			调刀具置安全位置，准备换刀		
N100 T0202 M03 S1200；			换 T0202 中心钻，主轴正转，转速为 1 200 r/min 准备加工中心孔		
N110 G0 X0 Z5.0；			调 2 号中心钻至准备切削位置		
N120 G1 Z－2.5 F0.08；			钻中心孔至 2.5 mm 深，加工进给量为 0.08 mm/r		
N130 G00 Z100.0 M09；			退刀并关闭水泵。		
N140 X100.0 M05；			刀具快速退回至安全点并停止主轴运转		
N150 M30；			程序停止		

（2）加工英制螺纹端面、外形、切槽及倒角程序清单（见表 8.2.8）。

表 8.2.8

序　号	02	零件图号	8.2.1	编程原点	端面与回转轴中心
程序号	O0002	数控系统	FANUC-0i	编　制	粗加工英制螺纹外形
程　序			注　释		
O0002；			程序名		
N10 G21 G40 G99；			程序初始化		
N20 T0101；			换 1 号外圆车刀，导入 1 号刀补		
N30 M03 S800；			主轴正转，转速为 800 r/min		
N40 M08；			切削液开		

（续表）

序 号	02	零件图号	8.2.1	编程原点	端面与回转轴中心
程序号	O0002	数控系统	FANUC-0i	编 制	粗加工英制螺纹外形

程　　序	注　　释
O0002；	程序名
N50 G00 X15. Z3.0；	快速到达粗加工外轮廓起点
N60 G1 Z －11.8 F0.12；	外径粗车加工 X 向精车余量为 0.35 mm，粗加工进给量为 0.12 mm/r
N70 G1 X18.5；	台阶面切削
N80 G0 Z0；	快速到达端面加工位置
N90 G0 X15；	节约切削时间，让刀具近外轮廓边
N100 G1 X0. F0.08；	切削端面并保证总长，加工进给量为 0.08 mm/r
N110 G00 Z2.0；	快速移开刀具
N120 G00 X12.0；	调刀具至准备全角位置
N130 G1 Z0 F0.08；；	刀具慢速移动到端面，准备全角
N140 G1 X14.3 Z－1.；	螺纹外形命倒角，准备加工螺纹外形
N150 G1Z－11.8；	加工螺纹外形（作为第三工序的精定位标准）
N160 G1 X18.5；	台阶面切削
N170 G00 X100.0 Z100.0；	调刀具至安全位置，准备换刀
N180 T0202；	换 2 号刀具，准备切槽，槽刀刀宽 2
N190 G00 X18.5 Z－12.0；	调刀至切削位置 切螺纹退刀槽
N200 G1 X12.6；	
N210 Z－11.9；	刀具离开端面，防止退刀影响粗糙度。
N220 G0 X14.5；	*X* 轴退刀，准备倒螺纹角
N230 G0 Z－10.6；	*Z* 轴调刀置螺纹倒角切削位置
N240 G1 X12.6 Z－11.9 F0.08；	螺纹内侧倒角
N250 G0 X100.0；	刀具沿 *X* 轴退刀置安全位置
N260 Z100.0；	刀具退刀置安全位置，准备换刀
N270 T0303	换三号刀具准备钻直径 8 的孔
N280 G0 X0.0；	刀具沿 *X* 轴移动至钻孔准备位置
N290 Z5.0；	刀具沿 *Z* 轴移动至钻孔准备位置
N300 G1 Z－6.8 F0.16；	钻孔，为冲压内六角做好准备（冲床加工略）
N310 G0 Z100.0；	刀具沿 *Z* 轴方向移动至安全位置

（续表）

序 号	02	零件图号	8.2.1	编程原点	端面与回转轴中心
程序号	O0002	数控系统	FANUC-0i	编 制	粗加工英制螺纹外形
程　　序			注　　释		
O0002;			程序名		
N320 X100.0;			刀具沿 X 轴方向移动至安全位置		
N330 T0404;			换四号刀具准备钻直径 6 的孔		
N340 G0 X0.0;			刀具沿 X 轴移动至钻孔准备位置		
N350 Z5.0;			刀具沿 Z 轴移动至钻孔准备位置		
N360 G1 Z−20.F0.16;			钻直径 6 的孔		
N370 G1 Z3.0 F2.0;			退刀排削（为保证加工稳定，中途退刀 1 或 2 次）		
N380 G1 Z−18.			钻孔准备位置		
N390 G1 Z−30.0 F0.16;			钻直径 6 的孔		
N400 G1 Z3.0 F2.0;			退刀排削		
N410 G1 Z−28.0;			钻孔准备位置		
N420 G1 Z−38.0 F0.16;			钻直径 6 的孔		
N430 G0 Z100.0 M9;			刀具沿 Z 轴方向移动至安全位置并停止冷却		
N440 X100.0 M5;			刀具沿 X 轴方向移动至安全位置并停止主轴运转		
N450 M30;			程序停止		

（3）加工 M6×0.75 外形、左右螺纹及倒角等程序清单（见表 8.2.9）。

表 8.2.9　精加工 M6×0.75 外形等

序 号	03	零件图号	8.2.1	编程原点	端面与回转轴中心
程序号	O0003	数控系统	FANUC-0i	编 制	精加工 M6×0.75 外形等
程　　序			注　　释		
O0003;			程序名		
N10 G21 G40 G99;			程序初始化		
N20 T0101;			换 1 号外圆车刀，导入 1 号刀补		
N30 M03 S800;			主轴正转，转速为 800 r/min		
N40 M08;			切削液开		
N50 G00 X100 Z0.6;			快速到达安全起点		
N60 G00 X18 Z0.6;			移到循环粗加工位置，准备粗精加工外轮廓		

（续表）

序 号	03	零件图号	8.2.1	编程原点	端面与回转轴中心
程序号	O0003	数控系统	FANUC-0i	编 制	精加工 M6×0.75 外形等

程　　序	注　　释
O0003；	程序名
N70 G71 U1. R0.5；	外径粗车循环，加工路线为 N90～N210，X 向精车余量为 0.3 mm，粗加工进给量为 0.15 mm/r
N80 G71 P90 Q210 U0.3 W0.05 F0.15；	
N90 G01 X4.99 F0.05；	精加工外轮廓起点，精加工参数设置
N100 Z0；	刀具移到端面，准备倒角
N110 X5.99 Z−0.5；	螺纹外形倒角
N120 Z−11；	车削螺纹外形及轴承位
N130 X7.1；	加工轴台阶
N140 G2 X7.9 Z−11.4 R0.4；	轴台阶倒圆角
N150 G1 X7.9 Z−12.5；	外圆柱形加工
N160 X9.99 Z−30.36；	车锥面外形
N170 Z−44.76；	加工与套配合的外形，这里精准度要求很高
N180 X11. Z−46.76；	外形倒角
N190 Z−64.0；	外形加工
N200 G3 X18. Z−65.5 R3.5；	车削凹圆弧
N210 G1 X18. Z−67.6；	加工外形
N220 G70 P90 Q210；	精加工外轮廓
N230 G00 X120.0 Z1.0；	退刀至安全位置
N240 T0202；	换刀，准备加工 M5.99×0.75 螺纹
N250 G00 X120.0 Z1.0；	调刀置安全位置
N260 G00 X10.0 Z1.0；	调刀准备加工螺纹位置
N270 G92 X5.66 Z−6.3 F0.75；	外螺纹加工从直径 5.66 开始加工第 1 刀（注意左右螺纹加工的区别）
N280 X5.5；	外螺纹加工第 2 刀
N290 X5.4；	外螺纹加工第 3 刀
N300 X5.3；	外螺纹加工第 4 刀
N310 X5.25；	外螺纹加工第 5 刀
N320 X5.2；	外螺纹加工精车
N330 X5.2；	外螺纹加工精车

（续表）

序 号	03	零件图号	8.2.1	编程原点	端面与回转轴中心
程序号	O0003	数控系统	FANUC-0i	编 制	精加工 M6×0.75 外形等
程 序			注 释		
O0003；			程序名		
N340 X100.0；			刀具沿径向快速退出至安全位置		
N350 M05；			主轴停止		
N360 M09；			切削液关		
N370 M30；			程序结束		

温馨提示

左右螺纹加工的区别，相同点：螺纹的加工方法，主轴转速、转向、螺距都是一样，不同点：左右螺纹加工刀位点的起始点和运行方向相反。例如，上面的 M6×0.75 左右螺纹加工，右螺纹加工刀位点的起始点是 X10.0 Z1.0；终点是 X5.2 Z—6.3；而左螺纹的起始点是 X10.0 Z—6.3；终点是 X5.2 Z1.0。

（4）加工英制左右螺纹等程序清单（见表 8.2.10）。

表 8.2.10

序 号	04	零件图号	8.2.1	编程原点	端面与回转轴中心
程序号	O0004	数控系统	FANUC-0i	编 制	加工英制左右螺纹等
程 序			注 释		
O0004；			程序名		
N10 G21 G40 G99；			程序初始化		
N20 T0101；			换 1 号螺纹车刀，导入 1 号刀补		
N30 M03 S600；			主轴正转，转速为 600 r/min		
N40 M08；			切削液开		
N50 G00 X15.0 Z3.0；			快速到达加工起点		
N60 G92 X13.8 Z—11 F1.588；			外螺纹加工从直径 13.8 开始加工第 1 刀（注意英制螺纹如何转为公制尺寸）		
N70 X13.3；			外螺纹加工第 2 刀		
N80 X12.90；			外螺纹加工第 3 刀		
N90 X12.5；			外螺纹加工第 4 刀		
N100 X12.3；			外螺纹加工第 5 刀		
N110 X12.26；			外螺纹加工精车		

（续表）

序　号	04	零件图号	8.2.1	编程原点	端面与回转轴中心
程序号	O0004	数控系统	FANUC-0i	编　制	加工英制左右螺纹等
程　　序			注　　释		
O0004；			程序名		
N120 X12.26；			外螺纹加工精车		
N130 X12.26；			外螺纹加工精车（正常情况可以结束了）		
N140 G01 X14.3 Z3；			调刀准备加工螺纹外形圆柱，因为在加工过程中会出现外形挤压增大直径，为确保质量，在这里重新精加工螺纹的外形尺寸		
N150 Z−11；			再次精加工螺纹外形尺寸		
N160 G00 X15.0 Z3.0；			调刀准备再次精加工外形螺纹		
N170 G92 X12.6 Z−11 F1.588；			外形螺纹再次精加工		
N180 X12.26；			外形螺纹再次精加工		
N190 X12.26；			外形螺纹再次精加工		
N200 G00 X100 M09；			退刀至安全点及切削液关		
N210 Z100 M05；			Z 轴退刀及主轴停止		
N220 M30；			程序结束		

温馨提示

9/16 为英制螺纹，须查表或计算出 9/16 的公制相关尺寸，例如，9/16 的英制为 16 牙，其公制尺寸是大径 ϕ14.3 mm，中径 ϕ13.272 mm，小径 ϕ12.26 mm，螺距 P1.588，具体的计算公式：9/16×25.4 就是公制螺纹的大径。25.4/16 就是公制螺纹的螺距。有了这些数据就容易计算出中径、小径等相关尺寸（也可以查表）。

3. 数控加工

（1）检查毛坯料尺寸。

（2）使用钢直尺测量毛坯件尺寸，要求尺寸为 ϕ18 mm×80 mm。

（3）开机。

（4）返回参考点。

（5）装夹工件。

（6）安装刀具。

（7）对刀。

（8）程序输入与程序调试。

（9）试运行。

（10）自动加工及尺寸控制。

（11）去除毛刺。

（12）质量检验。

（13）后续工作。

1. 检验内容分析

本任务零件质量检验包括：外圆直径及外圆弧的检测；端面和总长的检测；外螺纹中径的检测。

2. 测量工具

0～150 mm 带表卡尺、0～25 mm 外径千分尺，*R* 弧规，外螺纹中径千分尺。

3. 零件质量检验

零件尺寸检查如表 8.2.11 所示。

表 8.2.11 零件尺寸检查内容

序号	配分	自检要素				检测 允许=±0.03		备注		
		直径/长度/*Ra*	基本尺寸	上偏差	下偏差	直径/长度/*Ra*	实测值	测量工具	工件名称	评分标准
1	10	ϕ	5.99	+0.01	−0.01			0～150mm 带表卡尺	图 8.2.1	超差 0.01 扣 1 分
2	5	ϕ	7.9	+0.05	−0.05			0～150 mm 带表卡尺	图 8.2.1	超差 0.01 扣 1 分
3	10	ϕ	9.98	+0.0	−0.02			0～150 mm 带表卡尺	图 7.2.1	超差 0.01 扣 1 分
4	5	ϕ	11	+0.05	−0.05			0～150 mm 带表卡尺	图 8.2.1	超差 0.01 扣 1 分
5	5	ϕ	18	+0.0	−0.1	L		0～150 mm 带表卡尺	图 8.2.1	超差 0.01 扣 1 分
6	5	ϕ	6	+0.1	−0.1				图 8.2.1	
7	5	*L*	11	+0.03	−0.05			0～150 mm 带表卡尺	图 8.2.1	超差 0.01 扣 1 分
8	5	*L*	19.36	+0.1	−0.1				图 8.2.1	

（续表）

序号	配分	自检要素				检测 允许=±0.03		备　注		
		直径/长度/*Ra*	基本尺寸	上偏差	下偏差	直径/长度/*Ra*	实测值	测量工具	工件名称	评分标准
9	5	*L*	33.76	+0.1	−0.1				图 8.2.1	
10	5	*L*	35.76	+0.1	−0.1				图 8.2.1	
11	5	*L*	79.5	+0.1	−0.1				图 8.2.1	
12	5	*L*	12	+0.1	−0.1				图 8.2.1	
13	5	*R*	0.4					*R* 规	图 8.2.1	
14	5	*R*	3.5			*L*		*R* 规	图 8.2.1	
15	8	M6×0.75						外螺纹中径千分尺	图 8.2.1	
16	8	M20×3						外螺纹中径千分尺	图 8.2.1	
17	4	操作规范有创意								
安全文明生产	①安全正确操作设备 ②工作场地整洁，工件、量具、夹具等器具摆放整齐规范 ③做好事故防范措施，填写交接班记录，并将出现的事故发生原因、过程及处理结果记入运行档案 ④做好环境保护 每违反一项从总分扣除 2 分，发生重大事故者取消成绩并赔偿相应的损失。扣分不超过 10 分									
总计分数	100			总得分数						

4. 任务评价

任务评价如表 8.2.12 所示。

表 8.2.12　任务评价

序号	任务目标	相关内容	相关要求	学生自评	教师评价	实训效果
1	能正确分析批量零件的工艺性	分析零件图样技术要求和制定批量零件加工工艺方案案例	能看懂复杂的车工零件图，学会设计符合批量生产的加工工艺			
2	掌握并能选择稳定耐用的加工刀具、符合实际的切削用量及各项参数的设定	批量零件生产刀具的选择方法及刀具的应用	能正确合理的选择刀具，能设定各刀具的各项参数并能稳定顺利切削，不影响零件的正常生产			
3	能正确合理应用加工循环指令	批量零件加工的刀具轨迹合理化	尽可能不重复刀具轨迹			
4	掌握并能编写批量零件的加工程序	程序清单及工艺设计	能合理编写批量零件的生产加工程序			
5	掌握能正确进行批量零件的精度检测	批量零件的加工质量检查	掌握正确的加工与测量操作，能判断分析出问题的原因			
6	能提交产品及工艺文件	批量零件生产加工小结	掌握各技术要求相关的技能情况并小结任务完成过程			
7	安全操作	数控车床安全操作规程	养成良好的安全的操作习惯			

复合卡盘与一夹一顶

复合卡盘不仅可适用在两顶尖间安装工件，还适用于一夹一顶安装工件。

为保证加工过程中刚性较好，车削较重工件时采用一端夹住另一端用后顶尖的方法。为了防止工件由于切削力的作用而产生轴向位移，必须在卡盘内装一限位支承，或利用工件的台阶限位，这样能承受较大的轴向切削力，轴向定位准确。图 8.2.3 为一夹一顶安装工件。

图 8.2.3　一夹一顶安装

温馨提示

中心孔定心装夹工件应注意：在顶尖间加工轴类工件时，车削前要调整尾座顶尖轴线与车床主轴轴线重合。在两顶尖间加工细长轴时，应使用跟刀架或中心架。在加工过程中要注意调整顶尖的顶紧力，死顶尖和中心架应注意润滑。使用尾座时，套筒尽量伸出短些，以减小振动。

拓展练习

现要加工如图 8.2.4 所示产品零件，零件材料为 45＃钢，毛坯尺寸：$\phi18$ mm×245 mm，批量生产。小组协作进行图样分析、制定加工方案、编制工艺卡片、编制刀具卡片、编制工量具卡片、编写加工程序、程序校验、试加工、零件质量检测。

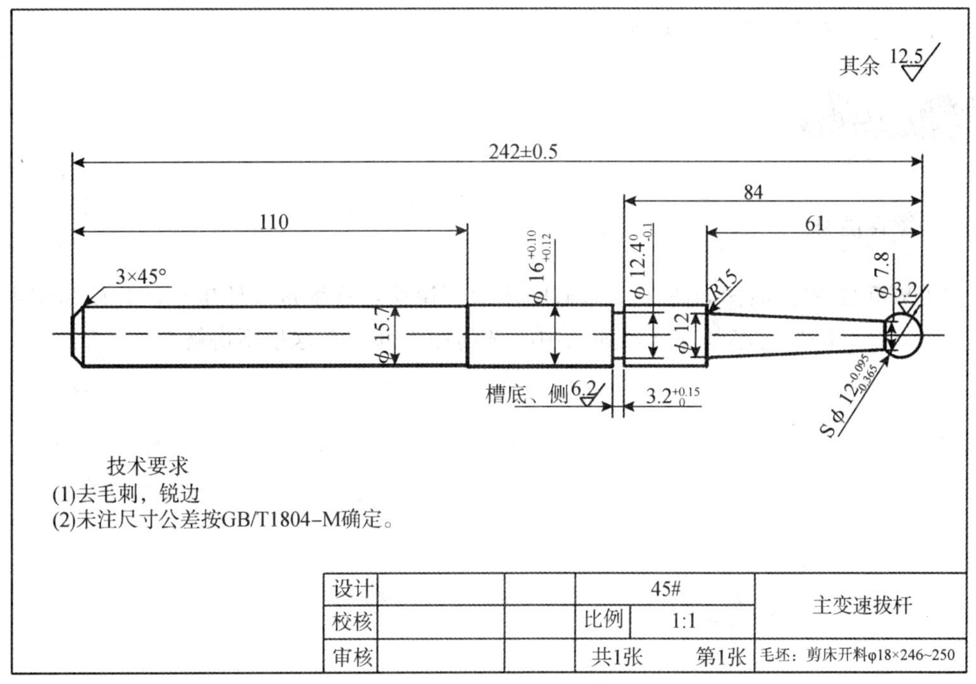

图 8.2.4　产品零件

任务 8.3　批量零件生产加工实例 2

任务目标

1. 知识目标

(1) 掌握二爪卡盘的自定心的应用。
(2) 掌握孔加工刀具的特点及选用。
(3) 掌握孔加工切削用量的选用。

2. 能力目标

(1) 能正确分析批量型材零件的装夹及工艺性。
(2) 能进行孔加工刀具的选择、切削用量的选用及刀具参数的设定。
(3) 能正确应用孔加工循环指令。
(4) 能填写套类零件的工序卡。
(5) 能编写套类零件的加工程序。
(6) 能正确进行套类零件的精度检测、数控处理及加工结果的判断。
(7) 能提交产品及工艺文件。

1. 零件图样

LCW-T12 零件图样如图 8.3.1(a、b)所示。说明：这批量零件生产，数控车床主要加工图 8.3.1(b)中的车削部分，加工中心铣削加工部分在这里不讲解。

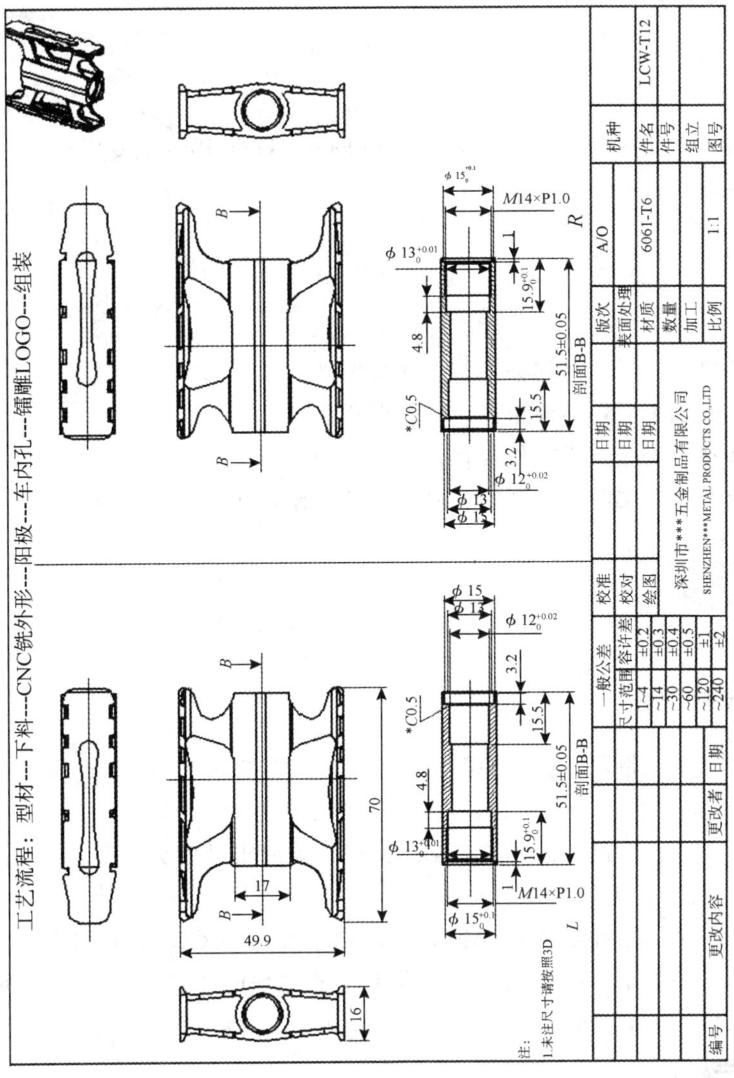

(a)

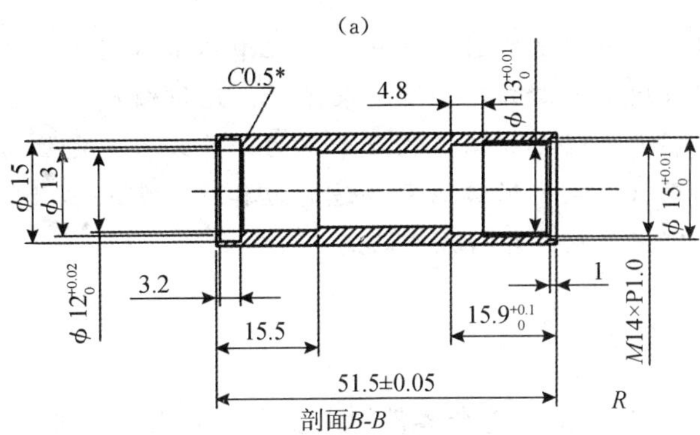

(b)

图 8.3.1　零件图样

(a) LCW-T12 零件　(b) LCW-T12 零件

2. 工作条件

（1）生产纲领：批量。
（2）毛坯：外轮廓为 49.9 mm×70 mm 的 6061-T6 铝合金专用型材。
（3）作业时间：3 min。

3. 工作要求

（1）工件经加工后，各尺寸符合图样要求。
（2）工件经加工后，几何公差符合图样要求。
（3）工件经加工后，表面粗糙度符合图样要求。
（4）正确执行安全技术操作规程。
（5）按企业有关文明生产规定，做到保持工作场地整洁，工件、工具摆放整齐。

任务分析

1. 图样分析

本任务待加工批量零件为 LCW-T12 零件，如图 7.3.1（a、b）所示。已知毛坯为外轮廓为 49.9 mm×70 mm 的 6061-T6 铝合金专用型材。

该零件由内孔、内槽、内螺纹、倒角组成，表面粗糙度为 *Ra*3.2 μm，内孔尺寸精度要求为 IT7～IT8，无特殊技术要求。

依零件图所示，零件要进行倒钝处理，倒角尺寸为 *C*0.5、螺纹倒角与弧形并接。零件加工完毕后检查是否有毛刺、因为在加工的过程中会出现刀具或钻头磨损造成的毛刺。

温馨提示

零件尺寸精度的保证，主要通过在加工过程中的准确对刀、正确设置刀具补偿和磨耗，以及正确合理的加工工艺等措施来保证；几何精度的保证，主要通过调整机床的机械精度，制定合理的加工工艺及专用的工件装夹、定位与找正等措施来保证；表面粗糙度的保证，主要通过选用合适的刀具及其集合参数，正确的粗、精加工路线，合理的切削用量及冷却措施来保证。我们

2. 工件的装夹与定位

装夹方式：采用二爪自定心符合零件加工要求的专用卡盘进行定位与装夹，工件装夹过程中，不用对工件进行找正，可以保证工件中心轴线与主轴中心轴线同轴。再掉头装夹也同样使用专用夹具。

定位基准：符合零件加工要求专用卡盘定位的精准装夹（精基准）。

3. 加工方案、走刀路线确定

（1）加工方案的确定。

①夹紧零件标准的型材毛坯，伸出卡盘16 mm。

②加工零件的右端面、内槽及内孔。

③粗、精加工内轮廓ϕ13 mm、ϕ15 mm、ϕ12 mm倒角等至尺寸要求，利用内径千分尺保证尺寸精度。

④掉头装夹，伸出卡盘26 mm。

⑤粗、精车内轮廓ϕ13 mm、ϕ15 mm、M14×1.0倒角。

⑥总长是在加工中心上先做好的。

（2）走刀路线的确定。粗精车内孔的走刀路线很简单，这里再不讲解。其基点坐标如表8.3.1、表8.3.2所示。

表8.3.1　粗精车内孔表面的基点坐标（非螺纹端）

序号	*X*坐标	*Z*坐标
S	0	100
1	22	0
2	13	0
3	13	−0.6
4	15	−0.6
5	15	−3.2
6	12	−3.2
7	12	−15.5

表8.3.2　精车内孔表面的基点坐标

序　号	*X*坐标	*Z*坐标
S	0	100
1	22	0
2	15	0
3	15	−1
4	13	−1
5	13	−15.9

4. 刀具及工、量具的选择

（1）刀具的选择。根据刀具库配备情况，选用机夹式车刀，内孔车刀刀片、内切槽刀刀片选用硬质合金材料，刀具具体选择如下：90°内孔车刀一把，内切槽刀（刃宽2 mm）一把，内螺纹车刀一把。

（2）工、量具的选择。

游标卡尺（0～150 mm）：测量内孔深度的基本尺寸。

内径千分尺（0～25 mm）：测量孔的直径。

5. 切削用量的选择

加工参数的确定取决于实际加工经验、工件的加工精度及表面质量、工件的材料特性、刀具的种类及形状、刀柄的刚性等诸多因素。

（1）主轴转速（n）的确定。采用硬质合金刀具材料切削钢件时，切削速度取值80～220 m/min，根据公式 $n=1\,000v/\pi D$ 以及加工经验，结合实际情况，确定该工件粗精加工时主轴转速在 800～1 600 r/min 范围内取值，

（2）进给速度（f）的确定。粗加工时，为提高生产效率，在保证加工质量的前提条件下，选择较高的进给速度，一般取 100～200 mm/min。

精加工时，进给速度一般取粗加工经济速度的一半。

（3）背吃刀量（a_p）的确定。背吃刀量的选择要根据机床、刀具的刚性以及加工精度来确定，粗加工的背吃刀量一般取值为 1～3 mm。精加工的背吃刀量一般取值为0.2～0.5 mm。

6. 机床与机床系统的选择

根据工件的形状及加工要求，选用 CK6140 数控车床（前置刀架）进行批量零件的加工，数控系统选用 FANUC-0i 系统。

任务实施

1. 数控加工工序卡的编制

（1）数控加工工序卡（见表 8.3.3）。

表 8.3.3　数控加工工序卡

数控加工工序卡		产品名称		零件图号	夹具名称		工序号
工步号	工步内容	LCW-T12		8.3.1	二爪自定心专用卡盘		01
		切削用量			刀具		备注
		主轴转速 n/（r/min）	进给速度 f/（mm/r）	背吃刀量 a_p/mm	编号	名称	
1	二爪专用卡盘夹持 LCW-T12 外形，伸出 16 mm，夹紧	—	—	—	—	—	

（续表）

数控加工工序卡		产品名称	零件图号		夹具名称		工序号
		LCW-T12	8.3.1		二爪自定心专用卡盘		01
工步号	工步内容	切削用量			刀具		备注
		主轴转速 n/（r/min）	进给速度 f/（mm/r）	背吃刀量 a_p/mm	编号	名称	
2	车端面（内孔刀切削 0.02 mm 左右，也可不车）	1 000	—	—	T0101	内孔车刀（因为加工中心已加工过）	Z 向对刀
3	粗车内轮廓	1000	0.15	1.0	T0101		
4	精车内轮廓达尺寸要求	1 600	0.05	0.3	T0101		
5	精、粗并倒角车内孔槽	600	0.08	2	T0202	ϕ15 mm×3.2 mm 内槽	
6	调头二爪专用卡盘夹持 LCW-T12 外形，伸出 26 mm，夹紧	—	—	—		内孔车刀	
7	车端面（可不车），总长加工中心已保证	1 000	0.15	1.0	T0101		Z 向对刀
8	粗车内轮廓	1 000	0.15	1.0	T0101	内轮廓粗车	
9	精车内轮廓达尺寸要求	1 600	0.05	0.3	T0101		
10	M14×1.0 螺纹加工	800	1.	0.1	T0202		
编制	审核			批准		共 页	第 页

（2）数控加工刀具卡（见表 8.3.4）。

表 8.3.4 数控加工刀具卡

序号	刀具名称	刀具清单			共 1 页 第 1 页	
		刀具规格				备注
		刀柄规格	代号	刀片规格	刀尖半径	
1	90°内孔车刀	ϕ10	T0101	硬质合金	0.2	
2	内切槽刀	ϕ10	T0202	硬质合金	B=2 mm	
3	内螺纹车刀	ϕ10	T0202	硬质合金	0.2	

2. 加工程序的编制

(1) 加工内槽、内孔等程序清单（见表 8.3.5）。

表 8.3.5 加工内槽、内孔等

序　号	01	零件图号	8.3.1	编程原点	0，0
程序号	O0001	数控系统	FANUC-0i	编　制	加工内槽、内孔等

程　序	注　释
O0001；	程序名
N10 G21 G40 G99；	程序初始化
N20 T0101；	换 1 号外圆车刀，导入 1 号刀补
N30 M03 S1000；	主轴正转，转速为 700 r/min
N40 M08；	切削液开
N50 G00 X22.0 Z120.0；	快速到达安全点
N60 G00 X13.6 Z2.0；	调刀准备加工内孔倒角
N70 G01 X13.0 Z−0.30 F0.08；	内孔倒角
N80 G01 Z−3.80；	车削内孔直径 13 位置并准备倒角直径 12 的内孔
N90 X12.0 Z−4.3；	倒角直径 12 的内孔
N100 Z−15.5；	车削直径 12 的内孔
N110 X11.6.0 ；	退刀
N120 G00 Z100.0；	快速退刀
N130 X100.0；	刀具快速退回至换刀点
N140 T0202；	换内槽刀
N150 G00 X10.0；	快速调刀 *X* 轴，防止碰上零件
N160 Z120.0 M03 S800；	调刀准备加工内槽
N170 Z−3.2；	调刀准备加工内槽
N180 G01 X15.0 F0.05；	粗加工内槽
N190 X11.0 F1.0；	退刀准备精加工内槽
N200 Z−2.4；	退刀准备精加工内槽
N210 X13.0 F0.06；	调刀至精加工倒角位置
N220 X13.60 Z−2.6；	精加工内槽倒角
N230 X15.0；	精加工内槽
N240 Z−3.；	内槽精车准备调刀退出

（续表）

序　号	01	零件图号	8.3.1	编程原点	0，0
程序号	O0001	数控系统	FANUC-0i	编　制	加工内槽、内孔
程　序			注　释		
O0001；			程序名		
N250 X11.0 F1.0；			退刀准备精加工内槽另一边		
N260 Z−3.8；			退刀准备精加工内槽另一边		
N270 X15.0 F0.06；			内槽精车		
N280 G00 X11.0；			退刀准备到达安全点		
N290 G00 Z200.0 M09；			刀具沿轴向快速退出并切削液关		
N300 X100.0 M05；			刀具沿径向快速退出并主轴停止		
N310 M30；			程序结束		

（2）加工内螺纹及内孔等程序清单（见表 8.3.6）。

表 8.3.6　加工内螺纹及内孔等

序　号	02	零件图号	8.3.1	编程原点	0，0
程序号	O0002	数控系统	FANUC-0i	编　制	
程　序			注　释		
O0002；			程序名		
N10 G21 G40 G99；			程序初始化		
N20 T0101；			换 1 号外圆车刀，导入 1 号刀补		
N30 M03 S1000；			主轴正转，转速为 1 000 r/min		
N40 M08；			切削液开		
N50 G00 Z120.0；			快速到达安全起点		
N60 G00 X16.0；			快速调刀		
N70 G00 Z2.0；			调刀准备加工内孔		
N80 G01 Z0 F0.05；			调刀准备加工内孔倒角		
N90 G01 X15.0 Z−0.5；			粗、精内孔倒角（型材加工余量少，可直接精加工）		
N100 Z−1.0；			粗、精内孔		
N110 X14.0；			粗、精内孔台阶		
N120 X13.0 Z−1.6；			粗、精内孔倒角		
N130 Z−15.9；			粗、精内孔		
N140 X12.0；			退刀		

（续表）

序　号	02	零件图号	8.3.1	编程原点	0，0
程序号	O0002	数控系统	FANUC-0i	编　制	加工内螺纹及内孔等

程　序	注　释
O0002；	程序名
N150 G00 Z120.0	刀具沿 Z 轴快速退回至换刀点
N160 X100.0；	刀具沿 X 轴快速退回至换刀点
N170 T0202 M03 S600；	换 2 号内孔螺纹车刀，导入 2 刀具补偿
N180 G00 X11.0；	快速定位 X 轴螺纹起点
N190 Z5.0；	快速定位 Z 轴螺纹起点，准备车削螺纹
N200 G92 X13.3 Z−11.1 F1.0；	车削螺纹第 1 刀
N210 X13.6；	车削螺纹第 2 刀
N220 X13.8；	车削螺纹第 3 刀
N230 X13.9；	车削螺纹第 4 刀
N240 X14.0；	车削螺纹第 5 刀
N250 X14.06；	精车螺纹
N260 X14.06；	精车螺纹
N270 X14.06；	精车螺纹
N280 G00 Z120.0 M09；	刀具沿轴向快速退出切削液关
N290 X100.0 M05；	刀具沿径向快速退出主轴停止
N300 M30；	程序结束

3. 数控加工

（1）检查毛坯料尺寸。

（2）使用钢直尺测量毛坯件尺寸，要求尺寸为 100 mm。

（3）开机。

（4）返回参考点。

（5）装夹工件。

（6）安装刀具。

（7）对刀。

（8）程序输入与程序调试。

（9）试运行。

（10）自动加工及尺寸控制。

（11）去除毛刺。

（12）质量检验。

（13）后续工作。

任务评价

1. 检验内容分析

本任务零件质量检验包括：内圆直径及内圆槽的检测；内螺纹的检测。

2. 测量工具

0～150 mm 带表卡尺、5～30 mm 内径千分尺，内螺纹规。

3. 零件质量检验表

零件尺寸检查内容如表 8.3.7 所示。

表 8.3.7　零件尺寸检查内容

序号	配分	自检要素				检测 允许=±0.03		备　注		
		直径/长度/Ra	基本尺寸	上偏差	下偏差	直径/长度/Ra	实测值	测量工具	工件名称	评分标准
1	20	ϕ	15	+0.05	−0.0			内径千分尺	图 8.3.1	超差 0.01 扣 1 分
2	15×2	ϕ	13	+0.01	−0.0			内径千分尺	图 8.3.1	超差 0.01 扣 1 分
3	15	ϕ	12	+0.0	−0.02			内径千分尺	图 8.3.1	超差 0.01 扣 1 分
4	5	L	3.2	+0.03	−0.05			0～150 mm 带表卡尺	图 8.3.1	超差 0.01 扣 1 分
5	5	L	15.5	+0.1	−0.03			0～150 mm 带表卡尺	图 8.3.1	
6	8	L	15.9	+0.1	−0.0			0～150 mm 带表卡尺	图 8.3.1	
7	5	L	51.5	+0.05	−0.05			0～150 mm 带表卡尺	图 8.3.1	
8	12	M6×0.75						螺纹通止规	图 8.3.1	
9		操作规范有创意								

（续表）

序号	配分	自检要素				检测 允许＝±0.03		备　注		
		直径/长度/Ra	基本尺寸	上偏差	下偏差	直径/长度/Ra	实测值	测量工具	工件名称	评分标准
安全文明生产	①安全正确操作设备 ②工作场地整洁，工件、量具、夹具等器具摆放整齐规范 ③做好事故防范措施，填写交接班记录，并将出现的事故发生原因、过程及处理结果记入运行档案 ④做好环境保护 每违反一项从总分扣除2分，发生重大事故者取消成绩并赔偿相应的损失。扣分不超过10分									
总计分数	100			总得分数						

4. 任务评价

任务评价如表8.3.8所示。

表8.3.8　任务评价

序号	任务目标	相关内容	相关要求	学生自评	教师评价	实训效果
1	掌握批量型材零件的安装	二爪卡盘的装夹	能看懂二爪卡盘装夹零件的设计，便于以后更好的使用			
2	掌握批量型材零件内孔车削加工参数及刀具轨迹设计	批量零件的加工参数设定与程序工艺路线	能正确合理的确定程序的编写路线，保证零件的质量要求			
3	安全操作	数控车床安全操作规程	养成良好的安全的操作习惯			

5S推行管理办法

1. 目的

为加强公司的现场管理水平，营造一目了然的工作环境、培养员工良好的工作行

为习惯、进一步提升企业形象，达到提高产品质量、减少浪费、降低成本及安全生产的目的。

2. 适用范围

适用于公司各办公场所、作业现场、厂区环境等区域。

3. 定义

5S：指的是日文 SEIRI（整理）、SEITON（整顿）、SEISO（清扫）、SEIKETSU（清洁）、SHITSUKE（素养）5 个单词，因日语的罗马拼音均以“S”开头，所以简称为“5S”。

（1）整理。

①定义：将办公场所和工作现场中的物品、设备等清楚的区分为需要品和不需要品，对需要品进行妥善保管，对不需要品则进行处理或报废。

②目的：把“空间”腾出来活用。

（2）整顿。

①定义：将需要品依据所规定的定位、定量等方式进行摆放整齐，并明确地对其予以标识，使寻找需要品的时间减少为零。

②目的：不用浪费时间找东西。

（3）清扫。

①定义：将办公场所和现场的工作环境打扫干净，使其保持在无垃圾、无灰尘、无脏污、干净整洁的状态，并防止其污染的发生。

②目的：消除“脏污”，保持工作场所干干净净、明明亮亮。

（4）清洁。

①定义：将整理、整顿、清扫的实施做法进行到底，且维持其成果，并对其实施做法予以标准化、制度化。

②目的：通过制度化来维持成果。

（5）素养。

①定义：以“人性”为出发点，透过整理、整顿、清扫、清洁等合理化的改善活动，培养上下一体的共同管理语言，使全体人员养成守标准、守规定的良好习惯，进而促进全面管理水平的提升。

②目的：提升人的品质，养成工作规范、认真的习惯。

（6）工作环境。指对制造和产品质量有影响的过程周围的条件；这种条件包括人的因素（如心理的、社会的）；物的因素（如温度、湿度、洁净度、粉尘等），物的因素一般包括：厂房维护、灯光照明、噪声、通风、电器装置的控制，以及与厂房维护有关的安全隐患等。

拓展练习

现要加工如图 8.3.2 所示产品零件，零件材料为 45＃钢，毛坯尺寸：ϕ18 mm×245 mm，批量生产。小组协作进行图样分析、制定加工方案、编制工艺卡片、编制刀具卡片、编制工量具卡片、编写加工程序、程序校验、试加工、零件质量检测。

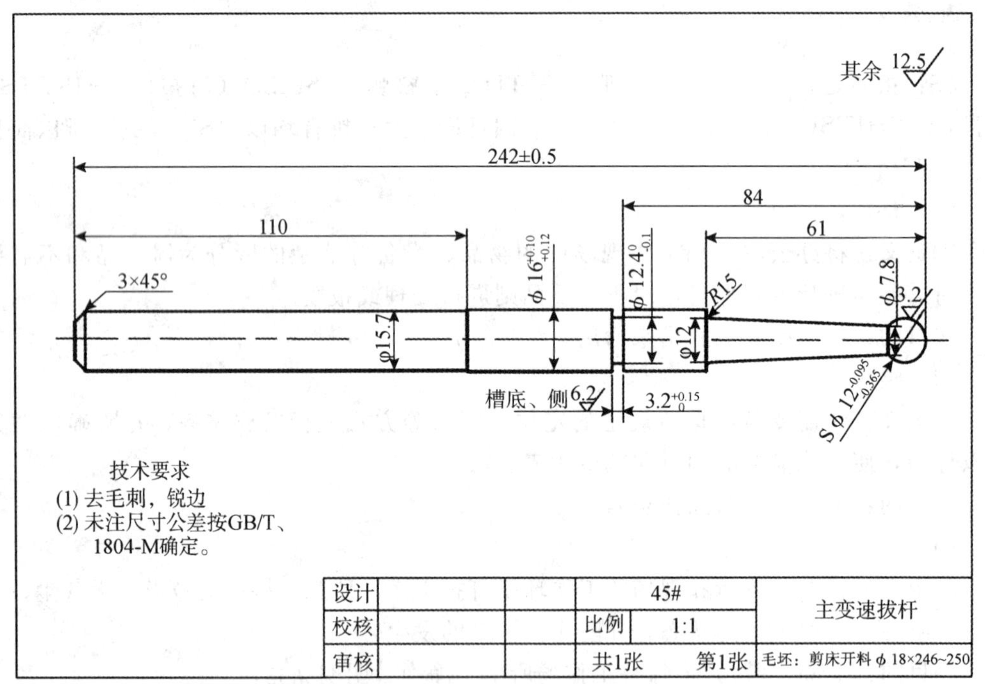

图 8.3.2　产品零件

温馨提示

此零件与 8.2.4 完全一样，要求同学们用不同的工艺设计，加工方案来完成相同零件的加工，对比一下各有什么优点和不足，认真总结，体验更多理论与实践相结合的知识点，得到更精确的编程加工方法，得到更标准尺寸精度，得到外形更光滑的产品。

模块9　自动编程

任务9.1　CAXA数控车自动编程软件介绍

1. 知识目标

（1）了解CAXA数控车床自动产生程序特点。
（2）了解CAXA数控车床编程加工轨迹。
（3）了解CAXA数控车床的运动轨迹仿真。
（4）了解CAXA数控车床的参数设置与修改。

2. 能力目标

（1）掌握CAXA数控车床的图形编辑功能。
（2）掌握CAXA数控车床的通用后置处理功能。
（3）掌握CAXA数控车床的基本加工功能。
（4）掌握CAXA数控车床的高级加工功能。
（5）掌握CAXA数控车床自动编程软件的安装和卸载。

任务描述

数控加工，也称之为NC（numerical contorl）加工，是以数值与符号构成的信息，控制机床实现自动运转。数控加工经历了半个世纪的发展已成为应用于当代各个制造领域的先进制造技术。数控加工的最大特征有两点：一是可以极大地提高精度，包括加工质量精度及加工时间误差精度；二是加工质量的重复性，可以稳定加工质量，保持加工零件质量的一致。也就是说加工零件的质量及加工时间是由数控程序决定而不是由机床操作人员决定的。

随着制造设备的数控化率不断提高，数控加工技术在我国得到日益广泛的使用，在模具行业，掌握数控技术与否及加工过程中的数控化率的高低已成为企业是否具有竞争力的象征。数控加工技术应用的关键在于计算机辅助设计和制造（CAD/CAM）系统的质量。

数控车削加工是现代制造技术的典型代表，在制造业的各个领域如航空航天、汽车、模具、精密机械、家用电器等各个行业有着日益广泛的应用，已成为这些行业中不可缺少的加工手段。

CAXA 数控车是在全新的数控加工平台上开发的数控车床加工编程和二维图形设计软件。CAXA 数控车具有 CAD 软件的强大绘图功能和完善的外部数据接口，可以绘制任意复杂的图形，可通过 DXF、IGES 等数据接口与其他系统交换数据。CAXA 数控车具有轨迹生成及通用后置处理功能。该软件提供了功能强大、使用简洁的轨迹生成手段，可按加工要求生成各种复杂图形的加工轨迹。通用的后置处理模块使 CAXA 数控车可以满足各种机床的代码格式，可输出 G 代码，并对生成的代码进行校验及加工仿真。

CAXA 是为制造业提供“产品创新和协同管理”解决方案的供应商。旨在帮助制造企业对市场做出快速的相应，提升制造企业的市场竞争力，为制造企业相关部门提供从产品订单到制造交货直至产品维护的信息化解决方案，其中包括设计、工艺、制造和管理等解决方案。CAXA 经过多年来的不懈努力，推出的多款 CAXA 软件功能强大、易学易用、工艺性好、代码质量高，现在已经在全国上千家企业的使用，并受到好评，不但降低了投入成本，而且提高了经济效益。CAXA 的软件产品现正在一个更高的起点上腾飞。

1. CAXA 数控车床的图形编辑功能

CAXA 数控车中优秀的图形编辑功能，其操作速度是手工编程无可比拟的。曲线分成点、直线、圆弧、样条、组合曲线等类型。提供拉伸、删除、裁剪、曲线过渡、曲线打断、曲线组合等操作。提供多种变换方式：平移、旋转、镜像、阵列、缩放等功能。工作坐标系可任意定义，并在多坐标系间随意切换。图层、颜色、拾取过滤工具应有尽有，系统完善。

2. CAXA 数控车床的通用后置处理功能

开放的后置设置功能，用户可根据企业的机床自定义后置，允许根据特种机床自定义代码，自动生成符合特种机床的代码文件，用于加工。支持小内存机床系统加工大程序，自动将大程序分段输出功能。根据数控系统要求是否输出行号，行号是否自动填满。编程方式可以选择增量或绝对方式编程。坐标输出格式可以定义到小数及整

数位数。圆弧输出方式是用I、J、K或者是R方式，各自的含义设定。

3. CAXA数控车床的基本加工功能

（1）轮廓粗车。用于实现对工件外轮廓表面、内轮廓表面和端面的粗车加工，用来快速清除毛坯的多余部分。

（2）轮廓精车。实现对工件外轮廓表面、内轮廓表面和端面的精车加工。

（3）切槽。该功能用于在工件外轮廓表面、内轮廓表面和端面切槽。

（4）钻中心孔。该功能用于在工件的旋转中心钻中心孔。

4. CAXA数控车床的高级加工功能

内外轮廓及端面的粗、精车削；样条曲线的车削；自定义公式曲线车削；加工轨迹自动干涉排除功能，避免人为因素的判断失误。支持不具有循环指令的老机床编程，解决这类机床手工编程的烦琐工作。

5. CAXA数控车床的车螺纹

该功能为非固定循环方式时对螺纹的加工，可对螺纹加工中的各种工艺条件，加工方式进行灵活的控制；螺纹的起始点坐标和终止点坐标通过用户的拾取自动计入加工参数中，不需要重新输入，减少出错环节。螺纹节距可以选择恒定节距或者变节距。螺纹加工方式可以选择粗加工，粗＋精一起加工两种方式。

6. CAXA数控车床的运行环境

（1）系统要求：windows98/2000/xp；P3以上；内存256M以上。

（2）推荐配置：windows2000/xp；2Ghz以上CPU；内存512M以上。

7. CAXA数控车床自动编程软件的安装和卸载

安装将首先出现安装界面，在自动进行完安装配置后弹出欢迎安装CAXA数控车2008的界面，如果用户决定安装则单击“下一步”按钮，否则单击“取消”按钮。

单击“下一步”按钮继续安装后，安装程序将弹出许可证协议对话框，询问用户是否接受以下协议，如果用户不接受协议，系统将会弹出退出安装的对话框。选择“我接受该许可证协议中的条款”的选项将继续进行安装。

单击“下一步”按钮继续安装后，系统将弹出用户信息对话框。安装程序将询问用户系统的用户姓名、单位以及序列号的信息。并且可以选择此应用程序的使用者。序列号根据随安装软件提供的授权证书填写，用户姓名和单位名称可以根据自己的实际情况填写。选择应用程序使用者的选项则可以根据单位对软件的具体使用情况做出选择。

单击“下一步”按钮继续安装，系统将弹出选择安装路径对话框。安装程序默认将会把程序安装到C：\CAXA\CAXALATHE\目录下，如果用户希望安装到其他路经下面，可以单击右侧的“更改”按钮来为安装程序指定一个新的目的位置。然后，单击“下一步”按钮继续安装。

随后将弹出安装类型对话框，系统将提示选择一个安装类型，可以根据用户的需要选择一个最合适的安装类型，单击“下一步”按钮继续进行安装。

随后系统将提示已做好安装程序的准备，单击“安装”按钮，系统将弹出正在安装的对话框，自动安装程序，这需要几分钟的时间，安装结束后将显示安装成功的对话框，单击“完成”按钮结束安装退出向导。

如果要卸载数控车2008，可以在“控制面板”中单击“添加或删除程序”按钮，在当前安装的程序列表中单击“CAXA数控车”将出现“删除”按钮。单击该按钮则开始卸载“CAXA电子图板”。也可以直接进入数控车的路径单击“卸载数控车2008.exe”按钮进行卸载。

1. 运行CAXA数控车

（1）有三种方法可以运行CAXA数控车。

①在正常安装完成时在Windows桌面会出现“CAXA数控车”的图标，双击“CAXA数控车”图标就可以运行软件。

②也可以单击桌面左下角的“开始”→“程序”→“CAXA数控车2008”→“CAXA数控车”按钮来运行软件。

③也可以从数控车的安装目录下…CAXALATHE\bin\目录下有一个Lathe.exe文件，双击运行即可。

（2）退出CAXA数控车系统：“命令名”quit或exit。

选择“文件”菜单中的“退出”选项或单击右上角的“关闭”按钮。如果系统当前文件没有存盘，则弹出一个确认对话框，如图9.1.1所示。

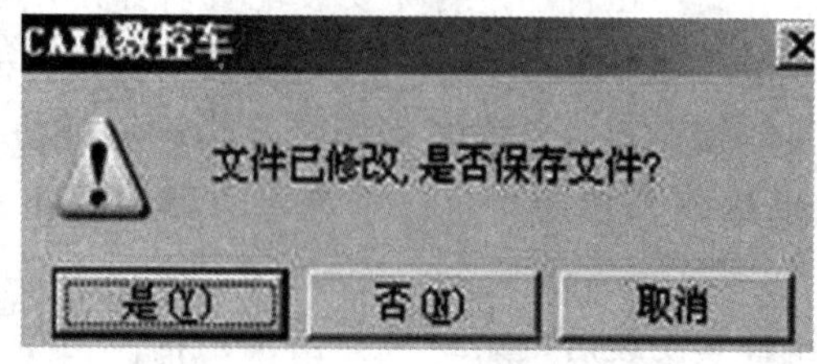

图9.1.1　确认对话框

系统提示用户是否要存盘，对对话框提示做出选择后，即退出系统。

2. 数控车界面

界面（简称界面）是交互式绘图软件与用户进行信息交流的中介。系统通过界面反映当前信息状态或将要执行的操作，按照界面提供的信息做出判断，并经由输入设备进行下一步的操作。因此，界面被认为人机对话的桥梁。

CAXA 数控车的界面主要包括三个部分，即菜单条、工具栏和状态栏部分。

另外，需要特别说明的是 CAXA 数控车提供了立即菜单的交互方式，用来代替传统的逐级查找的问答式交互，使得交互过程更加直观和快捷。

(1) 屏幕画面的分布。CAXA 数控车使用最新流行界面（见图 9.1.2），更方便，更简明易懂。

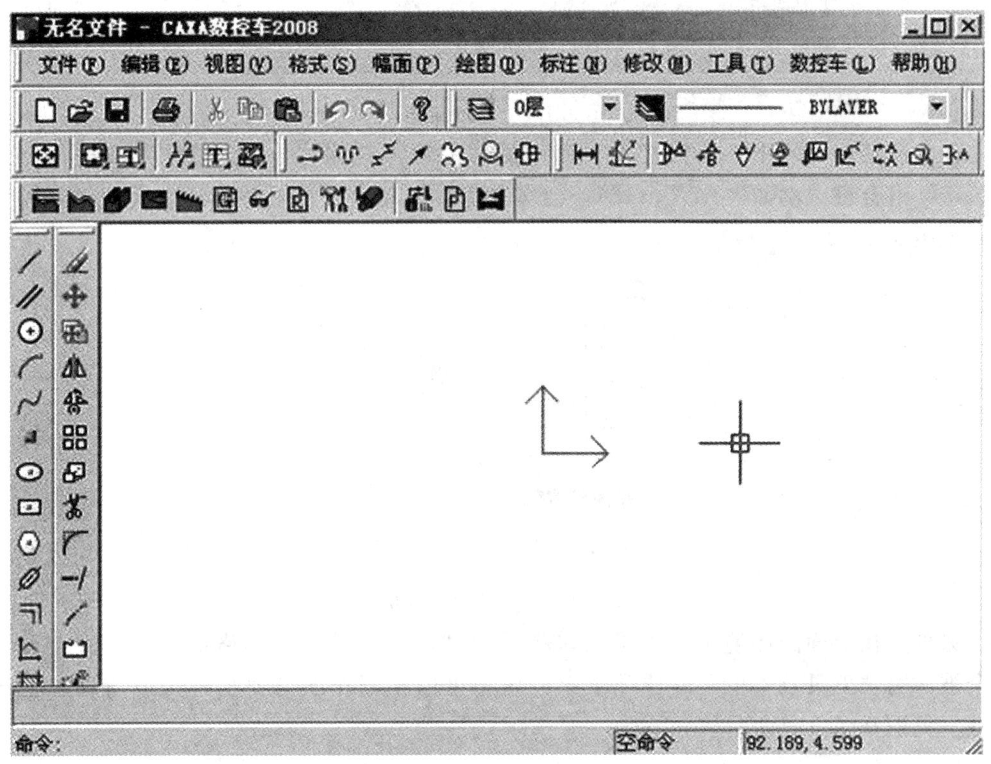

图 9.1.2　CAXA 数控车界面

单击任意一个菜单项（例如设置），都会弹出一个子菜单。

移动鼠标到“绘制工具”工具栏，在弹出的当前绘制工具栏中单击任意一个按钮，系统通常会弹出一个立即菜单，并在状态栏显示相应的操作提示和执行命令状态，如图 9.1.3 所示。

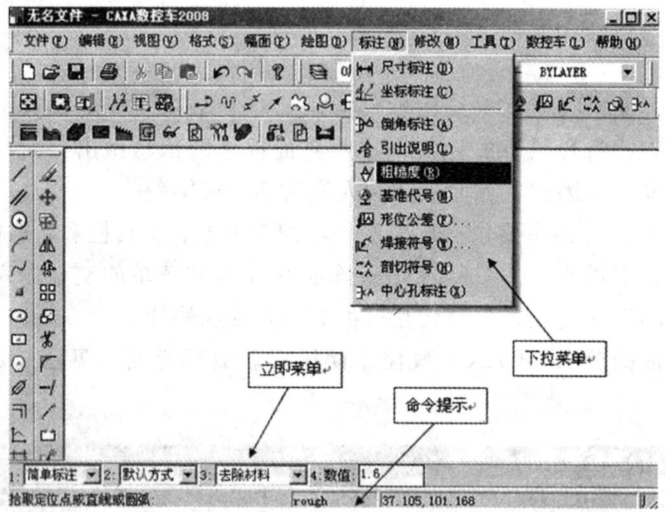

图 9.1.3 立即菜单

在立即菜单环境下，用鼠标单击其中的某一项（例如“1. 两点线”）或按“ALT＋数字”组合键（例如“ALT+1”），会在其上方出现一个选项菜单或者改变该项的内容（见图 9.1.4）。

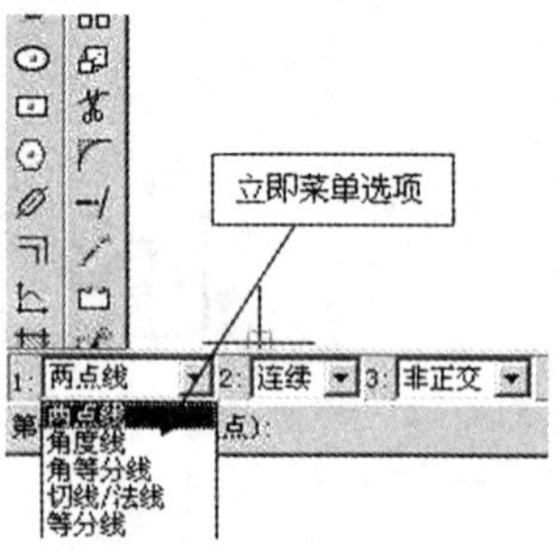

图 9.1.4 立即菜单选项

另外，在上面的环境下（工具菜单提示为“屏幕点”），按空格键，屏幕上会弹出一个被称为“工具点菜单”的选项菜单。用户可以根据作图需要从中选取特征点进行捕捉（见图 9.1.5）。

图 9.1.5 工具点选项菜单

(2) CAXA 数车界面功能说明。

①绘图区。绘图区是进行绘图设计的工作区域，如图 9.1.5 所示的空白区域。它位于屏幕的中心，并占据了屏幕的大部分面积。广阔的绘图区为显示全图提供了清晰的空间。

在绘图区的中央设置了一个二维直角坐标系，该坐标系称为世界坐标系。它的坐标原点为（0.0000，0.0000）。CAXA 数控车以当前坐标系的原点为基准，水平方向为 X 方向，并且向右为正，向左为负。垂直方向为 Y 方向，向上为正，向下为负。在绘图区用鼠标拾取的点或由键盘输入的点，均为以当前坐标系为基准。

②菜单系统。CAXA 数控车的菜单系统包括主菜单、立即菜单和工具菜单三个部分。

• 主菜单区。主菜单位于屏幕的顶部。它由一行菜单条及其子菜单组成，菜单条包括文件、编辑、视图、格式、绘制、标注、修改、工具和帮助等。每个部分都含有若干个下拉菜单，如图 9.1.6 所示。

无名文件 - CAXA数控车2008

文件(F) 编辑(E) 视图(V) 格式(S) 幅面(P) 绘图(D) 标注(N) 修改(M) 工具(T) 数控车(L) 帮助(H)

图 9.1.6　主菜单区

• 立即菜单区。立即菜单描述了该项命令执行的各种情况和使用条件。根据当前的作图要求，正确地选择某一选项，即可得到准确的响应。

• 工具菜单包括工具点菜单、拾取元素菜单。

• 弹出菜单。CAXA 数控车弹出菜单是用来当前命令状态下的子命令，通过空格键弹出，不同的命令执行状态下可能有不同的子命令组主要分为点工具组、矢量工具组、选择集拾取工具组、轮廓拾取工具组和岛拾取工具组。如果子命令是用来设置某种子状态，CAXA 数控车在状态条中显示提示。

③状态栏。CAXA 数控车提供了多种显示当前状态的功能，它包括屏幕状态显示，操作信息提示，当前工具点设置及拾取状态显示等，如表 9.1.1 所示。

表 9.1.1　状态栏

序　号	名称	功能应用
1	当前点坐标显示区	当前点的坐标显示区位于屏幕底部状态栏的中部。当前点的坐标值随鼠标光标的移动作动态变化
2	操作信息提示区	操作信息提示区位于屏幕底部状态栏的左侧，用于提示当前命令执行情况或提醒用户输入
3	工具菜单状态提示	当前工具点设置及拾取状态提示位于状态栏的右侧，自动提示当前点的性质以及拾取方式。例如，点可能为屏幕点、切点、端点等等，拾取方式为添加状态、移出状态等
4	点捕捉状态设置区	点捕捉状态设置区位于状态栏的最右侧，在此区域内设置点的捕捉状态，分别为自由、智能、导航和栅格

（续表）

序　号	名称	功 能 应 用
5	命令与数据输入区	命令与数据输入区位于状态栏左侧，用于由键盘输入命令或数据
6	命令提示区	命令提示区位于命令与数据输入区与操作信息提示区之间，显示目前执行的功能的键盘输入命令的提示，便于用户快速掌握数控车的键盘命令

任务评价如表 9.1.2 所示。

表 9.1.2　任务评价

序号	任务目标	相关内容	相关要求	学生自评	教师评价	实训效果
1	了解 CAXA 数控车床自动产生程序特点	CAXA 数控车床自动编程概述	了解 CAXA 自动产生程序优点和不足			
2	掌握 CAXA 数控车床的图形编辑功能，了解 CAXA 数控车床编程加工轨迹	CAXA 数控车床的图形编辑功能	了解自动产生程序的条件，图形编辑的方法			
3	了解 CAXA 数控车床的运动轨迹仿真	CAXA 数控车床的通用后置处理功能	要求能正确看懂模拟刀具运动路线			
4	了解 CAXA 数控车床的参数设置与修改	CAXA 数控车床的基本加工功能	掌握加工参数的设定是根据不同的位置，不同的刀具等进行选择			
5	掌握 CAXA 数控车床的通用后置处理功能	CAXA 数控车床的基本加工功能	掌握自动程序的产生、传输和应用			
6	掌握 CAXA 数控车床的基本加工功能	CAXA 数控车床的基本加工功能	能掌握各种形式的加工参数设定和切削方法			

相关知识

数控程序员的要求

（1）作为一名高水平的 NC 程序员应当具备以下条件：

①掌握一定的基础知识，包括数控机床基本结构、NC 加工基本原理、机械加工工艺及必要的 CAD 基础等。

②全面地理解和掌握 NC 编程的基本过程和关键技术。

③熟练运用一种 CAD/CAM 软件。

④有丰富的实际加工经验。有时，还需要掌握一些相关学科（如模具等）的知识和经验。

（2）判别一个 NC 程序员水平的依据主要有以下几条：

①所编 NC 程序的质量。

②NC 编程的工作效率。

③NC 编程的可靠性和规范化程度（包括工艺规划、数据文件管理、保存和交接的规范化程度等）。

温馨提示

为保证程序的质量和可靠性，在编程工作中应注意以下几点：

①要保持严谨细致的工作作风，对每个参数设置都应反复确认，刀轨计算完成后要进行必要的检查校验。

②NC 编程操作应规范化和模式化。即根据企业的特定条件制定出 NC 编程的技术规程，将各操作环节中具有共性的部分（如加工工艺、刀具等）模式化和规范化，这样可有效提高工作效率和可靠性。

（3）对重要的加工程序应进行试切检验。数控编程人员必须掌握数控编程的相关基础知识，这样一方面有利于对数控编程软件中相关专业名词的理解，更为重要的是，对于数控程序基础知识的理解可以决定所编程序的质量及其加工效率。

拓展练习

（1）CAXA 数控车运行的方法有几种？哪几种？

（2）数控自动编程的概念、特点是什么？

（3）主菜单区包括哪些功能？

（4）CAXA 数控车态栏主要提供了几种显示当前状态的功能？哪几种？

任务 9.2　CAXA 数控车自动编程实例加工 1

任务目标

1. 知识目标

(1) 掌握数控车削自动编程基础知识。

(2) 掌握数控自动编程中的数学处理。

(3) 掌握数控编程简单指令的格式与应用。

(4) 掌握工件毛坯粗车及精加工进给路线的设计方法。

2. 能力目标

(1) 能正确分析简单零件的工艺性。

(2) 会使用简单的编程指令进行工件加工程序的编制。

(3) 掌握自动编程加工的操作步骤。

(4) 掌握数控车床多把刀的对刀方法。

(5) 能正确进行简单零件的质量检验。

任务描述

1. 灯泡模型零件图样

零件图样如图 9.2.1 所示。

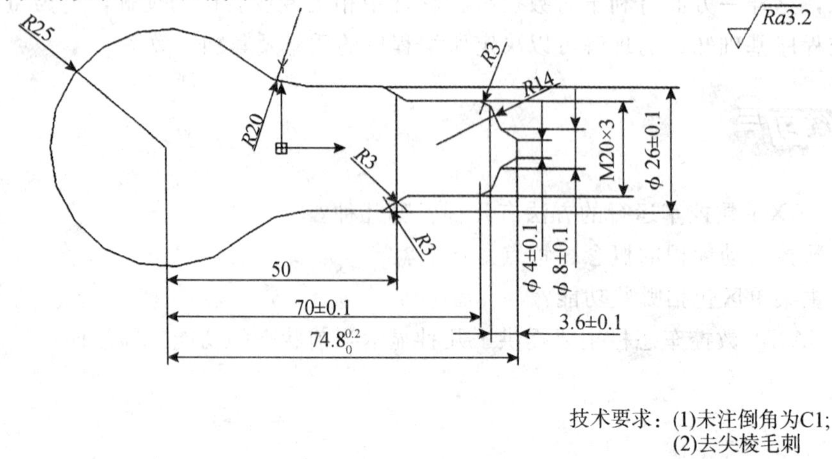

技术要求：(1)未注倒角为C1;
(2)去尖棱毛刺

图 9.2.1　灯泡模型零件

2. 工作条件

(1) 生产纲领：单件。
(2) 毛坯：外轮廓为 ϕ55 mm×105 mm。材料：铝合金。
(3) 作业时间：30 min。

3. 工作要求

(1) 工件经加工后，各尺寸符合图样要求。
(2) 工件经加工后，几何公差符合图样要求。
(3) 工件经加工后，表面粗糙度符合图样要求。
(4) 正确执行安全技术操作规程。
(5) 按企业有关文明生产规定，做到保持工作场地整洁，工件、工具摆放整齐。

1. 图样分析

本任务待加工零件为综合类零件，如图 8.2.1 所示。已知毛坯为外轮廓为 ϕ55 mm×105 mm。材料：铝合金。

该零件由外圆、外圆阶梯、外圆弧、外螺纹及倒角组成，表面粗糙度为 Ra3.2 μm，外圆尺寸精度要求为正负 0.1 mm，无特殊技术要求。

依零件图所示，零件要进行倒钝处理，倒角尺寸为 C_1、螺纹倒角与弧形并接。零件加工完毕后检查是否有毛刺，因为在加工的过程中会出现刀具或钻头磨损造成的毛刺。

零件尺寸精度的保证，主要通过在加工过程中的准确对刀、正确设置刀具补偿和磨耗，以及正确合理的加工工艺等措施来保证；几何精度的保证，主要通过调整机床的机械精度，制定合理的加工工艺及工件的装夹、定位与找正等措施来保证；表面粗糙度的保证，主要通过选用合适的刀具及其集合参数，正确的粗、精加工路线，合理的切削用量及冷却措施来保证。

2. 工件的装夹与定位

装夹方式：采用三爪自定心卡盘进行定位与装夹，工件装夹过程中，应对工件进行找正，以保证工件中心轴线与主轴中心轴线同轴。在掉头装夹时，应采用铜皮包裹夹持部分，以防卡爪夹伤表面。

定位基准：外轮廓加工时以零件轴线为定位基准（粗基准）。

调头加工时以外圆为定位基准（精基准）。

3. 加工方案、走刀路线确定

（1）加工方案的确定。

①夹紧零件毛坯，伸出卡盘 72 mm。

②加工零件的右端面、圆弧、倒角、螺纹及外圆 *R*25 相关的粗加工位置。

③粗、精加工外轮廓各部位至尺寸要求，精加工至 *R*20 的圆弧，*R*25 圆弧调头后再精加工，精加工部位利用外径千分尺保证尺寸精度。

④掉头装夹，用铜皮包裹夹持端直径 26 的位置。

⑤平左端面定总长度再粗、精加工好 *R*25 圆弧并顺利对接 *R*20 圆弧。

（2）走刀路线的确定。

①图形的绘制。刀具的路线在 CAXA 数控车自动编程中，只须画出由要加工出的外轮廓线和毛坯轮廓上的相关部分曲线，组成一个封闭区域（须切除部分）即可，其余线条不用画出，如图 9.2.2 所示。

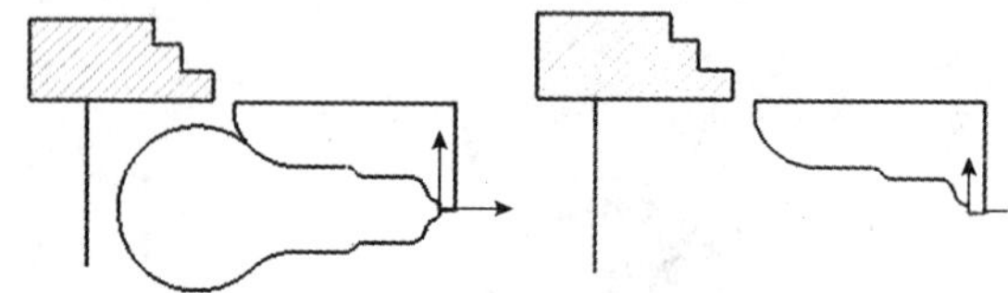

图 9.2.2　切除部分的曲线

②粗车外形加工的走刀路线如图 9.2.3 所示。

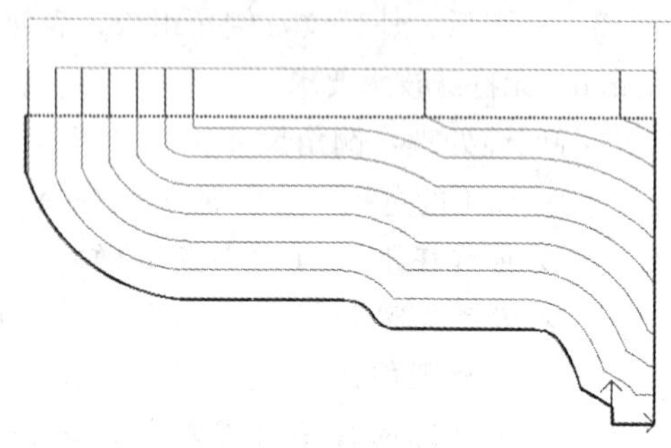

图 9.2.3　粗车外形表面的走刀路线

③精车内孔的走刀路线如图 9.2.4 所示。

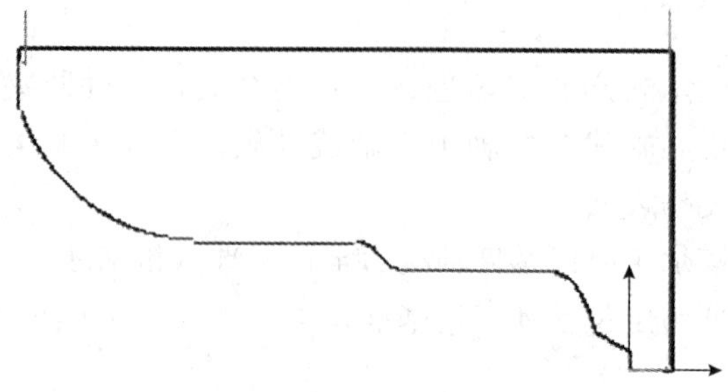

图 9.2.4　精车内孔表面的走刀路线

④调头加工的绘图立法及精加工方法一样，只是选用的刀具刀片形状不一样而已。

4. 刀具及工、量具的选择

(1) 刀具的选择。根据刀具库配备情况，选用整体式或者机夹式车刀，外形车刀选用加工铝合金专用刀片，刀片材料选用硬质合金材料。刀具具体选择如下：93°外圆车刀一把，35°刀尖的外圆车刀一把，60°外圆螺纹车刀一把。

(2) 工、量具的选择。

钢直尺（0～300 mm）：测量毛坯尺寸。

游标卡尺（0～150 mm）：测量外圆的基本尺寸。

外径千分尺（25～50 mm）：测量外圆的尺寸。

5. 切削用量的选择

加工参数的确定取决于实际加工经验、工件的加工精度及表面质量、工件的材料特性、刀具的种类及形状、刀柄的刚性等诸多因素。

(1) 主轴转速（n）的确定。采用硬质合金刀具材料切削钢件时，切削速度取值80～320 m/min，根据公式 $n=1\,000\nu/\pi D$ 以及加工经验，结合实际情况，确定该工件粗加工时主轴转速在400～1 000 r/min范围内取值，精加工的主轴转速在800～2 000 r/min范围内取值。

(2) 进给速度（f）的确定。粗加工时，为提高生产效率，在保证加工质量的前提条件下，选择较高的进给速度，一般取100～300 mm/min。

精加工时，进给速度一般取粗加工经济速度的一半。

(3) 背吃刀量（a_p）的确定。背吃刀量的选择要根据机床、刀具的刚性以及加工精度来确定，粗加工的背吃刀量一般取值为2～5 mm。精加工的背吃刀量一般取值为0.2～0.5 mm。

6. 机床与机床系统的选择

根据工件的形状及加工要求，选用CK6140数控车床（前置刀架）进行灯泡模型零件的加工，数控系统选用FANUC-0i系统。

1. 数控车床加工工序卡的编制

(1) 数控车床加工工序卡（见表9.2.1）。

表 9.2.1　数控车床加工工序卡

数控车床加工工序卡		产品名称		零件图号	夹具名称		工序号
		灯泡模型		9.2.1	三爪自定心卡盘		01
工步号	工步内容	切削用量			刀具		备注
		主轴转速 $n/$（r/min）	进给速度 $f/$（mm/r）	背吃刀量 a_p/mm	编号	名称	
1	三爪卡盘夹持左端毛坯外圆，伸出 72 mm，找正后夹紧	—	—	—	—	—	
2	粗车外轮廓	1000	0.22	1.0—3.0	T01	93°外圆车刀	Z 向对刀
3	加工螺纹	480	3.0	0.05～0.2	T02	60°外圆螺纹车刀	
4	精车外轮廓达尺寸要求	1600	0.05	0.3	T01		
5	调头夹 ϕ26 mm 外圆，外轮廓用铜皮包裹，找正并夹紧	—	—	—		35°刀尖的外圆车刀	
6	车左端面，保证总长及粗加工 R25 外形	1 000	0.2	1.0	T03	35°刀尖的外圆车刀	Z 向对刀
7	精加工 R25 及接 R20 弧	1 200	0.05	0.3	T03		
8							
9							
编制		审核		批准		共　页	第　页

（2）数控加工刀具卡（见表 9.2.2）。

表 9.2.2　数控加工刀具卡

序号	刀具名称	刀具清单				共 1 页　第 1 页
		刀具规格				备注
		刀柄规格	代号	刀片规格	刀尖半径	
1	90°外圆粗精车刀	20×20	T0101		0.4	
2	35°外圆车刀	20×20	T0303		−0.4	
3	60°外圆螺纹车刀	20×20	T0202		−0.2	
4						

2. 加工程序的编制

(1) 绘制要加工的轮廓线与毛坯外形线，形成一个封闭的图形如图 9.2.5 所示。

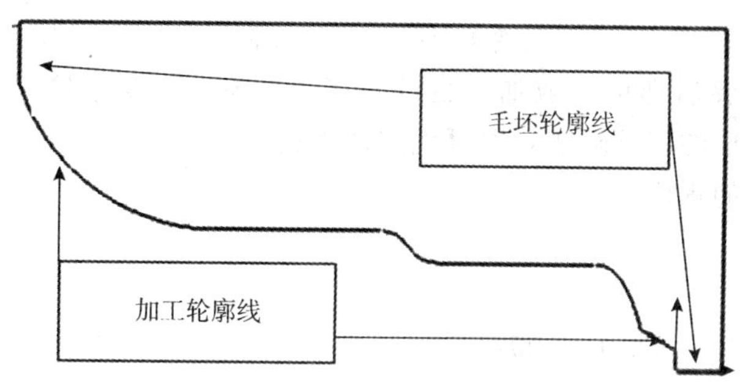

图 9.2.5　加工除料部分

(2) 外轮廓粗加工刀具运动轨迹。实现对工件外轮廓表面和端面的粗车加工，用来快速清除毛坯的多余部分。做轮廓粗车时要确定被加工轮廓和毛坯轮廓（见图 9.2.5)，被加工轮廓就是加工结束后的工件表面轮廓，毛坯轮廓就是加工前毛坯的表面轮廓。被加工轮廓和毛坯轮廓两端点相连，两轮廓共同构成一个封闭的加工区域，在此区域的材料将被加工去除。被加工轮廓和毛坯轮廓不能单独闭合或自相交。

操作步骤：

①在菜单区中的“数控车”子菜单区中选择“轮廓粗车”菜单项，系统弹出加工参数表，如图 9.2.6 所示。在参数表中首先要确定被加工的是外轮廓表面，还是内轮廓表面或端面，接着按加工要求确定其他各加工参数。例如：进退刀方式 | 切削用量 | 轮廓车刀 |。

②确定参数后拾取被加工的轮廓和毛坯轮廓，此时可使用系统提供的轮廓拾取工具，对于多段曲线组成的轮廓使用“限制链拾取”将极大地方便拾取。采用“链拾取”和“限制链拾取”时的拾取箭头方向与实际的加工方向无关。

③确定进退刀点。指定一点为刀具加工前和加工后所在的位置。右击可忽略该点的输入。

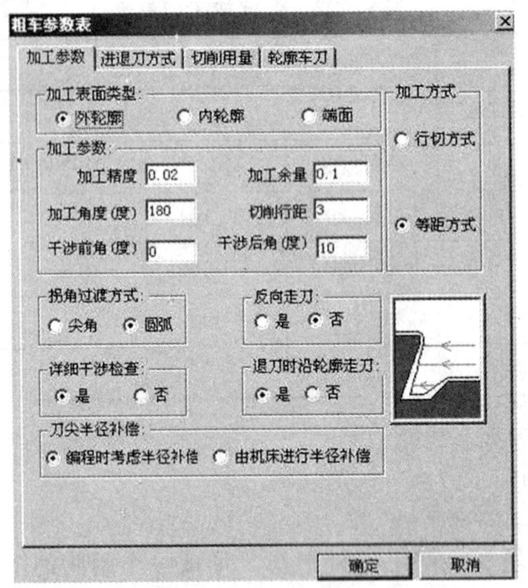

图 9.2.6　粗车参数表

④完成上述步骤后即可生成加工轨迹。在“数控车”菜单区中选取“生成代码”功能项，拾取刚生成的刀具轨迹，即可生成加工指令。

(3) 自动产生的程序。

```
%
O1234
(NC0001，04/01/16，19：05：42)
N10 S1000
N12 G00 G97 S1000 T0101
N14 M03
N16 M08
……
N212 G02 X51.247 Z−63.105 I18.800 K−0.000
N214 G01 X62.855
N216 G01 X64.855
N218 G01 X74.855 F20.000
N220 G00 X83.864
N222 G00 Z6.222
N224 M09
N226 M30
%
```

相关的螺纹车削及调头加工的自动程序就不再举例。

1. 检验内容分析

本任务零件质量检验包括：外圆直径及外圆弧的检测；端面和总长的检测；外螺纹中径的检测。

2. 测量工具

0～150 mm 带表卡尺、25～50 mm 内径千分尺，*R* 弧规，外螺纹中径千分尺。

3. 零件质量检验表

如表 9.2.3 所示。

表 9.2.3　零件尺寸检查内容

序号	配分	自检要素				检测 允许=±0.03		备　注		
		直径/长度/*Ra*	基本尺寸	上偏差	下偏差	直径/长度/*Ra*	实测值	测量工具	工件名称	评分标准
1	6	ϕ	26	+0.1	−0.1			0～150 mm 带表卡尺	图 9.2.1	超差 0.01 扣 1 分
2	4	ϕ	8	+0.1	−0.1			0～150 mm 带表卡尺	图 9.2.1	超差 0.01 扣 1 分
3	4	ϕ	4	+0.1	−0.1			0～150 mm 带表卡尺	图 9.2.1	超差 0.01 扣 1 分
4	5	*L*	74.8	+0.1	−0.1			0～150 mm 带表卡尺	图 9.2.1	超差 0.01 扣 1 分
5	5	*L*	70	+0.1	−0.1	*L*		0～150 mm 带表卡尺	图 9.2.1	超差 0.01 扣 1 分
6	5	*L*	50	+0.1	−0.1			0～150 mm 带表卡尺	图 9.2.1	超差 0.01 扣 1 分
7	6	*R*	25					*R* 规	图 9.2.1	
8	4	*R*	14			*L*		*R* 规	图 9.2.1	
9	4	*R*	3					*R* 规	图 9.2.1	

（续表）

序号	配分	自检要素				检测 允许＝±0.03		备注		
		直径/长度/*Ra*	基本尺寸	上偏差	下偏差	直径/长度/*Ra*	实测值	测量工具	工件名称	评分标准
10	8	M20×3						外螺纹中径千分尺	图 9.2.1	
11	16	操作规范有创意								
安全文明生产		①安全正确操作设备 ②工作场地整洁，工件、量具、夹具等器具摆放整齐规范 ③做好事故防范措施，填写交接班记录，并将出现的事故发生原因、过程及处理结果记入运行档案 ④做好环境保护 每违反一项从总分扣除 2 分，发生重大事故者取消成绩并赔偿相应的损失。扣分不超过 10 分								
总计分数		100				总得分数				

4. 任务评价

任务评价如表 9.2.4 所示。

表 9.2.4　任务评价

序号	任务目标	相关内容	相关要求	学生自评	教师评价	实训效果
1	掌握数控自动编程中的数学处理	相关零件毛坯具体需要绘图	能合理设计相关的曲线			
2	掌握数控编程简单指令的格式与应用	G 代码的应用	能正确修改自动产生的加工程序			
3	掌握工件毛坯粗车及精加工进给路线的设计方法	加工路线的选择	能根据刀具的应用合理生成加工程序			
4	掌握数控车床多把刀的对刀方法	试切削对刀法	尽可能让每把刀具的刀位点在同一位置			

数控编程

1. 数控加工的内容

对图纸进行分析，确定需要数控加工的部分。利用图形软件对需要数控加工的部分造型。根据加工条件，选合适加工参数生成加工轨迹（包括粗加工、半精加工、精加工轨迹），轨迹的仿真检验，传给机床加工。

2. 数控加工的优点

零件一致性好，质量稳定。因为数控机床的定位精度和重复定位精度都很高，很容易保证零件尺寸的一致性，而且，大大减少了人为因素的影响。可加工任何复杂的产品，且精度不受复杂度的影响。降低工人的体力劳动强度，从而节省出时间，从事创造性的工作。

3. CAXA 数控车加工的基本概念

用 CAXA 数控车实现加工的过程，两轴加工，轮廓、毛坯轮廓、机床参数、刀具轨迹和刀位点、加工余量、加工误差、加工干涉、

（1）刀具管理。该功能定义、确定刀具的有关数据，从刀具库中获取刀具信息和对刀具库进行维护。刀具库管理功能包括轮廓车刀、切槽刀具、螺纹车刀、钻孔刀具四种刀具类型的管理。

（2）操作方法。

①在菜单区中“数控车”子菜单区选取“刀具管理”菜单项，系统弹出刀具库管理对话框，可按自己的需要添加新的刀具，对已有刀具的参数进行修改，更换使用的当前刀等。当需要定义新的刀具时，单击“增加刀具”按钮可弹出添加刀具对话框。在刀具列表中选择要删除的刀具名，单击“删除刀具”按钮可从刀具库中删除所选择的刀具。

温馨提示

不能删除当前刀具。

②在刀具列表中选择要使用当前刀具名，单击“置当前刀”按钮可将选择的刀具设为当前刀具，也可在刀具列表中用鼠标双击所选的刀具。改变参数后，单击“修改刀具”按钮即可对刀具参数进行修改。

温馨提示

刀具库中的各种刀具只是同一类刀具的抽象描述，并非符合国标或其他标准的详细刀具库。所以只列出了对轨迹生成有影响的部分参数，其他与具体加工工艺相关的刀具参数并未列出。例如，将各种外轮廓，内轮廓，端面粗精车刀均归为轮廓车刀，对轨迹生成没有影响。其他补充信息可在“备注”栏中输入。

4. 机床设置

机床设置就是针对不同的机床，不同的数控系统，设置特定的数控代码、数控程序格式及参数，并生成配置文件。生成数控程序时，系统根据该配置文件的定义生成所需要的特定代码格式的加工指令。通过设置系统配置参数，后置处理所生成的数控程序可以直接输入数控机床或加工中心进行加工，而无须进行修改。如果已有的机床类型中没有所需的机床，可增加新的机床类型以满足使用需求，并可对新增的机床进行设置。操作说明：在“数控车”子菜单区中选取“机床设置”功能项，系统弹出机床配置参数表，按自己的需求增加新的机床或更改已有的机床设置。单击“确定”按钮可将用户的更改保存，单击“取消”按钮则放弃已做的更改。机床参数配置包括主轴控制，数值插补方法，补偿方式，冷却控制，程序起停以及程序首尾控制符等。

5. 后置设置

后置设置就是针对特定的机床，结合已经设置好的机床配置，对后置输出的数控程序的格式，如程序段行号，程序大小，数据格式，编程方式，圆弧控制方式等进行设置。本功能可以设置缺省机床及 G 代码输出选项。机床名选择已存在的机床名做为缺省机床。操作步骤：在“数控车”子菜单区中选取“后置设置”功能项，系统弹出后置处理设置参数表，可按自己的需要更改已有机床的后置设置。单击“确定”按钮可将用户的更改保存，单击“取消”按钮则放弃已做的更改。

6. 轮廓粗车

该功能用于实现对工件外轮廓表面、内轮廓表面和端面的粗车加工，用来快速清除毛坯的多余部分。做轮廓粗车时要确定被加工轮廓和毛坯轮廓，被加工轮廓就是加工结束后的工件表面轮廓，毛坯轮廓就是加工前毛坯的表面轮廓。被加工轮廓和毛坯轮廓两端点相连，两轮廓共同构成一个封闭的加工区域，在此区域的材料将被加工去除。被加工轮廓和毛坯轮廓不能单独闭合或自相交。操作步骤：

(1) 在菜单区中的“数控车”子菜单区中选取“轮廓粗车”菜单项，系统弹出加工参数表，在参数表中首先要确定被加工的是外轮廓表面，还是内轮廓表面或端面，接着按加工要求确定其他各加工参数。

(2) 确定参数后拾取被加工的轮廓和毛坯轮廓，此时可使用系统提供的轮廓拾取工具，对于多段曲线组成的轮廓使用“限制链拾取”将极大地方便拾取。采用“链拾

取”和“限制链拾取”时的拾取箭头方向与实际的加工方向无关。确定进退刀点，指定一点为刀具加工前和加工后所在的位置。右击可忽略该点的输入。完成上述步骤后即可生成加工轨迹。在“数控车”菜单区中选取“生成代码”功能项，拾取刚生成的刀具轨迹，即可生成加工指令。

相关的轮廓精车、车槽、钻中心孔、车螺纹等内容与轮廓粗车操作基本一样，这里不再讲述。

7. 轨迹仿真

对已有的加工轨迹进行加工过程模拟，以检查加工轨迹的正确性。轨迹仿真分为动态仿真、静态仿真和二维仿真，仿真时可指定仿真的步长来控制仿真的速度，也可以通过调节速度条控制仿真速度。

温馨提示

当步长设为0时，步长值在仿真中无效；当步长大于0时，仿真中每一个切削位置之间的间隔距离即为所设的步长。

①动态仿真：仿真时模拟动态的切削过程，不保留刀具在每一个切削位置的图像。

②静态仿真：仿真过程中保留刀具在每一个切削位置的图像，直至仿真结束。

③二维仿真：仿真前先渲染实体区域，仿真时刀具不断抹去它切削掉部分的染色。

④操作步骤：

• 在“数控车”子菜单区中选取“轨迹仿真”功能项，同时可指定仿真的类型和仿真的步长。

• 拾取要仿真的加工轨迹，此时可使用系统提供的选择拾取工具。在结束拾取前仍可修改仿真的类型或仿真的步长。

• 右击结束拾取，系统弹出仿真控制条，按开始键开始仿真。仿真过程中可进行暂停、上一步、下一步、终止和速度调节操作。

• 仿真结束，可以按开始键重新仿真，或者按终止键终止仿真。

拓展练习

现要加工如图9.2.7所示的综合产品零件，零件材料为铝合金，毛坯尺寸：ϕ55 mm×85 mm，单件生产。小组协作进行图样分析、制定加工方案、编制工艺卡片、编制刀具卡片、编制工量具卡片、写出加工程序的自动生成步骤、自动程序校验及试加工。

零件质量检测方面：外圆直径及外圆弧的检测；端面和总长的检测；外螺纹中径的检测；锥度的检测。

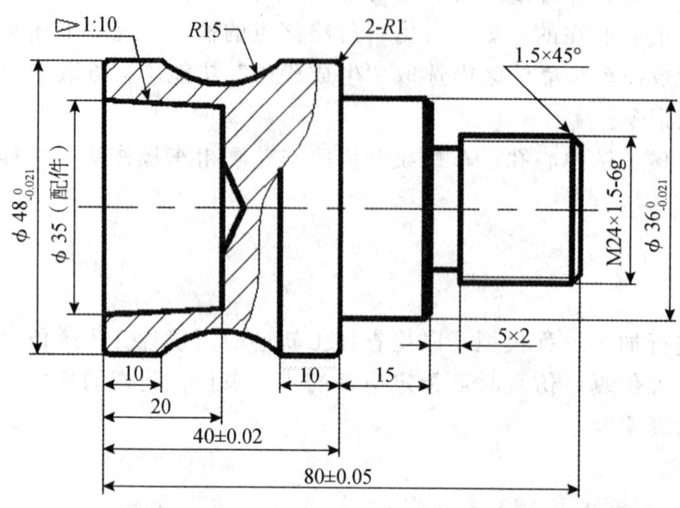

图 9.2.7　综合产品零件

任务 9.3　CAXA 数控车自动编程实例加工 2

1. 知识目标

（1）掌握数控车削配合零件编程基础知识。
（2）掌握数控自动编程中数学配合的处理。
（3）掌握配合零件自动编程图形编辑的应用。
（4）掌握数控车的绘图输出功能。

2. 能力目标

（1）能正确分析简单配合零件的工艺性。
（2）会使用自动编制程序的相关功能及各项功能参数的设定。
（3）掌握自动程序与数控车床的输入输出操作及在线加工。
（4）掌握数控软件与数控车床多功能配合应用。
（5）能正确加工复杂零件并进行质量检验。

任务描述

1. 零件图样

组合零件灯头、灯泡模型图样，如图 9.3.1(a)、(b) 所示。

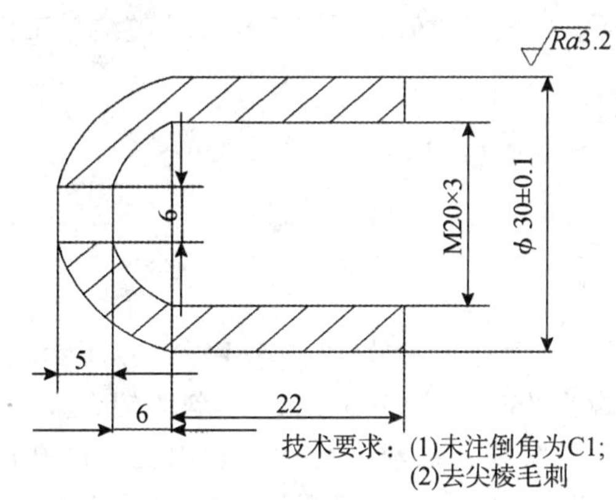

(a)

技术要求：(1)未注倒角为C1;
(2)去尖棱毛刺

(b)

图 9.3.1　灯泡模型

(a) 灯头模型零件灯　(b) 泡模型零件

2. 工作条件

(1) 生产纲领：单套配合件。

(2) 毛坯：外轮廓为 ϕ35 mm×40 mm、外轮廓为 ϕ55 mm×105 mm。材料：铝合金。

(3) 作业时间：50 min。

3. 工作要求

（1）工件经加工后，各尺寸符合图样要，符合配合要求。

（2）工件经加工后，几何公差符合图样要求，符合配合要求。

（3）工件经加工后，表面粗糙度符合图样要求。

（4）正确执行安全技术操作规程。

（5）按企业有关文明生产规定，做到保持工作场地整洁，工件、工具摆放整齐。

1. 图样分析

本任务待加工零件为单套配合件，如图 8.3.1(a、b)所示。已知毛坯为外轮廓为 ϕ35 mm×40 mm、外轮廓为 ϕ55 mm×105 mm，材料为铝合金。

该套零件由外圆、外圆阶梯、螺纹、外圆弧、内孔、内孔圆弧、钻孔、中心孔、倒角等组成，表面粗糙度为 Ra3.2 μm，外圆尺寸精度要求为 IT6～IT7，内孔尺寸精度要求为 IT7～IT8，无特殊技术要求。

依零件图所示，零件要进行倒钝处理，倒角尺寸为 C1。零件加工完毕后检查是否有毛刺，因为在加工的过程中会出现刀具或钻头磨损造成的毛刺。

零件尺寸精度的保证，主要通过在加工过程中的准确对刀、正确设置刀具补偿和磨耗，以及正确合理的加工工艺等措施来保证；几何精度的保证，主要通过调整机床的机械精度，制定合理的加工工艺及工件的装夹、定位与找正等措施来保证；表面粗糙度的保证，主要通过选用合适的刀具及其集合参数，正确的粗、精加工路线，合理的切削用量及冷却措施来保证。

2. 工件的装夹与定位

装夹方式：采用三爪自定心卡盘进行定位与装夹，工件装夹过程中，应对工件进行找正，以保证工件中心轴线与主轴中心轴线同轴。在掉头装夹时，应采用铜皮包裹夹持部分，以防卡爪夹伤表面。

定位基准：图 9.3.1(b)灯泡模型零件外轮廓加工时以零件轴线为定位基准（粗基准)。粗加工完成后，精加工至直径 26 mm 与 M20×3 的倒角弧，精加工部位有螺纹右端等。图 9.3.1(a)灯头模型零件外轮廓加工可以采用一夹一顶将外形精加工完成。

图 9.3.1(a)灯头模型零件内孔加工时以外圆为定位基准（精基准）精加工完成后不要松动卡盘，将图 9.3.1(b)灯泡模型零件的 M20×3 配合上好为定位基准。

3. 加工方案、走刀路线确定

（1）加工方案的确定。

①夹紧图 9.3.1(b)灯泡模型零件外轮廓伸出卡盘 72 mm，粗加工完成后，精加工至 ϕ26 mm 与 M20×3 的倒角弧，精加工部位有螺纹右端等（完成后卸下）。再加紧图 9.3.1(a)灯头模型零件毛坯，伸出卡盘 34 mm，因为毛坯只有 40 mm，所以在右端面打一小中心孔，完成外形及右端面的加工，加工完成后可用 ϕ6 mm 的钻头钻孔，9 mm，倒角；总长在下步工艺加工。

②掉头装夹，用铜皮包裹夹持端，用 ϕ18 mm 的钻头开孔，加工零件的左端面、内圆弧及内圆螺纹。

③粗、精加工外轮廓至尺寸要求和配合要求，并将图 9.3.1(b)灯泡模型零件外螺纹配合上好，再粗、精加工图 9.3.1(b)灯泡模型零件外轮廓。

④根据配合加工的装夹技术，可以保证组合零件的配合位置精度和配合质量，在加工的过程中把握好尺寸的技术要求。

⑤严格检查各位置的各方面的技术要求后完成加工。

(2) 走刀路线的确定。图 9.3.1(a)灯头模型零件粗精车内孔螺纹的走刀路线如图 9.3.2 所示，图 9.3.1(b)的走刀路线和其他部位的走刀路线与图 9.2.3 基本一致，这里就不再叙述。

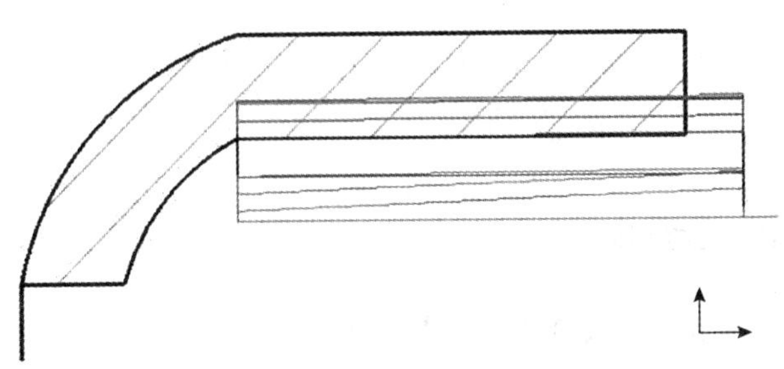

图 9.3.2　内孔螺纹的走刀路线

4. 刀具及工、量具的选择

(1) 刀具的选择。根据刀具库配备情况，选用整体式或者机夹式车刀，外形车刀选用加工铝合金专用刀片，刀片材料选用硬质合金材料。刀具具体选择如下：93°外圆车刀一把，35°刀尖的外圆车刀一把，60°外圆螺纹车刀一把，A 型 1.5 mm 中心钻一把，ϕ18 mm、麻花钻头一个，90°内孔车刀一把，60°内圆螺纹车刀一把。

(2) 工、量具的选择。

钢直尺（0～300 mm）：测量毛坯尺寸。

游标卡尺（0～150 mm）：测量外圆的基本尺寸。

外径千分尺（25～50 mm）：测量外圆的尺寸。

内径千分尺（5～30 mm）：测量孔的直径。

5. 切削用量的选择

加工参数的确定取决于实际加工经验、工件的加工精度及表面质量、工件的材料特性、刀具的种类及形状、刀柄的刚性等诸多因素。

（1）主轴转速（n）的确定。采用硬质合金刀具材料切削钢件时，切削速度取值 80～220 m/min，根据公式 $n=1000v/\pi D$ 以及加工经验，结合实际情况，确定该工件粗加工时主轴转速在 400～1 000 r/min 范围内取值，精加工的主轴转速在 800～2 000 r/min 范围内取值。

（2）进给速度（f）的确定。粗加工时，为提高生产效率，在保证加工质量的前提条件下，选择较高的进给速度，一般取 100～300 mm/min。

精加工时，进给速度一般取粗加工经济速度的一半。

（3）背吃刀量（a_p）的确定。背吃刀量的选择要根据机床、刀具的刚性以及加工精度来确定，粗加工的背吃刀量一般取值为 2～5 mm。精加工的背吃刀量一般取值为 0.2～0.5 mm。

6. 机床与机床系统的选择

根据工件的形状及加工要求，选用 CK6140 数控车床（前置刀架）进行简单套类零件的加工，数控系统选用 FANUC-0i 系统。

1. 数控加工工序卡的编制

（1）数控加工工序卡（见表 9.3.1、表 9.3.2）。

表 9.3.1　数控加工工序卡

数控加工工序卡		产品名称		零件图号	夹具名称		工序号
工步号	工步内容	组合件灯头模型		9.3.1(a)	三爪自定心卡盘		01
		切削用量			刀具		备注
		主轴转速 n/（r/min）	进给速度 f/（mm/r）	背吃刀量 a_p/mm	编号	名称	
1	三爪卡盘夹持左端毛坯外圆，伸出 35 mm，找正后夹紧，钻中心孔，使用顶针顶紧加工	—	—	—	—	—	
2	右端面钻中心孔	1 000	—	—			
3	粗车外轮廓	800	0.15	1.0	T01	35°刀尖的外圆车刀	

（续表）

数控加工工序卡		产品名称		零件图号	夹具名称		工序号
工步号	工步内容	组合件灯头模型		9.3.1(a)	三爪自定心卡盘		01
		切削用量			刀具		备注
		主轴转速 n/（r/min）	进给速度 f/（mm/r）	背吃刀量 a_p/mm	编号	名称	
4	精车外轮廓达尺寸要求	1 200	0.05	0.3	T01	35°刀尖的外圆车刀	
5	用 ϕ6 mm 的钻头钻出 10 mm 深度盲孔	800					
6	用 ϕ10 mm 的钻头将孔倒角	600					
编制	审核		批准		共　页		第　页

温馨提示

此零件毛坯只有 7 mm，三爪夹的只有 5 mm，这种加工一定要考虑刀具与顶针的关系，避免发生碰撞，必要时，可以做一个顶针套头使用（见图 9.3.3），这样刀具就不会损伤顶针，而且刀具完全可以从直径 5 mm 位置开始加工，就顺利完成零件的加工。

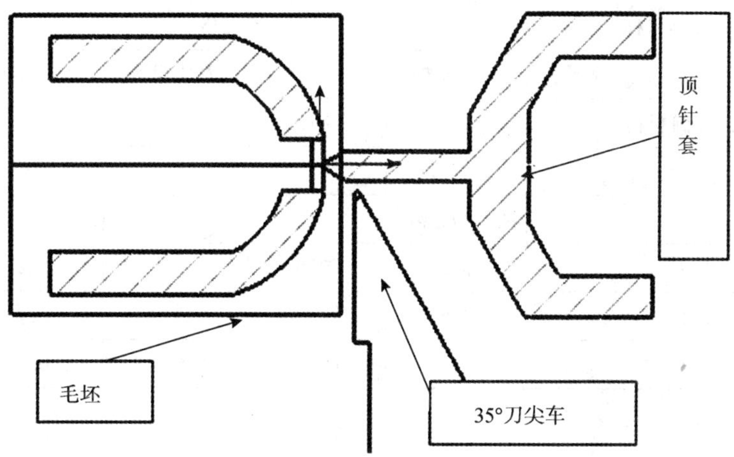

图 9.3.3　顶针套的应用

表 9.3.2　数控加工工序卡

<table>
<tr><td colspan="2">数控加工工序卡</td><td colspan="2">产品名称</td><td>零件图号</td><td colspan="2">夹具名称</td><td>工序号</td></tr>
<tr><td rowspan="3">工步号</td><td rowspan="3">工步内容</td><td colspan="2">组合件灯头模型</td><td>9.3.1(a)</td><td colspan="2">三爪自定心卡盘</td><td>01</td></tr>
<tr><td colspan="3">切削用量</td><td colspan="2">刀具</td><td rowspan="2">备注</td></tr>
<tr><td>主轴转速
$n/$（r/min）</td><td>进给速度
$f/$（mm/r）</td><td>背吃刀量
a_p/mm</td><td>编号</td><td>名称</td></tr>
<tr><td>1</td><td>调头夹 ϕ30 mm 外圆，外轮廓用铜皮包裹，找正并夹紧</td><td>—</td><td>—</td><td>—</td><td></td><td>93°外圆车刀</td><td>定总长</td></tr>
<tr><td>2</td><td>内孔加工：用 ϕ18 mm 的钻头将孔钻至所需要的深度</td><td>700</td><td>0.15</td><td>1.0</td><td>T02</td><td>90°内孔车刀</td><td>Z 向对刀</td></tr>
<tr><td>3</td><td>内螺纹加工</td><td>450</td><td>3.</td><td>0.05</td><td>T03</td><td>60°内圆螺纹车刀</td><td></td></tr>
<tr><td>编制</td><td>审核</td><td colspan="2"></td><td>批准</td><td></td><td>共　页</td><td>第　页</td></tr>
</table>

（2）数控加工刀具卡（见表 9.3.3）。

表 9.3.3　数控加工刀具卡

<table>
<tr><td rowspan="3">序号</td><td rowspan="3">刀具名称</td><td colspan="3">刀具清单</td><td colspan="2">共 1 页　第 1 页</td></tr>
<tr><td colspan="4">刀具规格</td><td rowspan="2">备注</td></tr>
<tr><td>刀柄规格</td><td>代号</td><td>刀片规格</td><td>刀尖半径</td></tr>
<tr><td>1</td><td>35°刀尖外圆粗精车刀</td><td>20×20</td><td>T0101</td><td></td><td>0.4</td><td></td></tr>
<tr><td>2</td><td>中心钻</td><td>A 型 1.5</td><td>—</td><td></td><td>—</td><td></td></tr>
<tr><td>3</td><td>麻花钻</td><td>ϕ6、ϕ9、ϕ18</td><td>—</td><td>高速钢</td><td>—</td><td></td></tr>
<tr><td>4</td><td>90°内孔车刀</td><td>ϕ12</td><td>T0202</td><td></td><td>0.2</td><td></td></tr>
<tr><td>5</td><td>内螺纹刀</td><td>ϕ16</td><td>T0303</td><td></td><td></td><td></td></tr>
<tr><td>6</td><td>外螺纹车刀</td><td>20×20</td><td>T0404</td><td>硬质合金</td><td>0.4</td><td></td></tr>
</table>

2. 加工程序的编制

（1）螺纹自动程序产生过程。螺纹加工功能按钮 → 拾取螺纹起始点：拾取螺纹终点：→选择外轮廓，设置好各项参数，再单击 确定 →

输入进退刀点: 按钮，就会产生刀具的运动轨迹 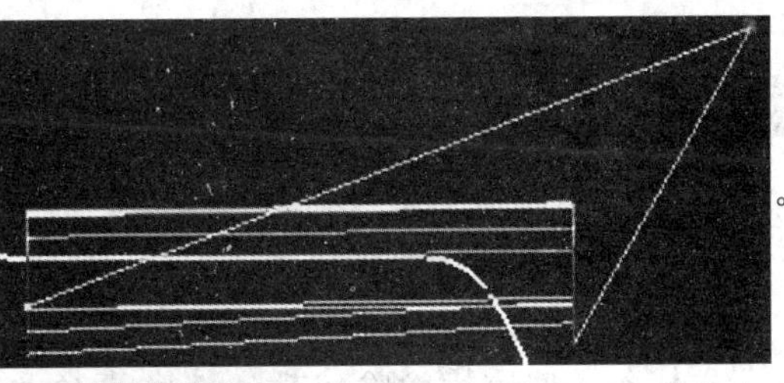 。

再选择 → 

→

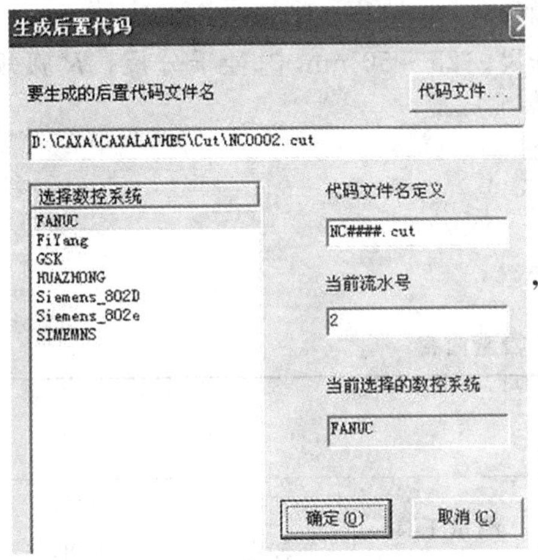

，就会自动生成加工的程序。

(2) 程序清单。

```
%
O1234
(NC0002, 04/09/16, 10: 53: 10)
N12 G00 G97 S600 T0303
N14 M03 S600
N16 M08
N18 G00 X37.043 Z4.738
N20 G00 X13.307 Z-2.258
N22 G99 G01 X16.907 F2.000
…………．
N98 G01 X20.100 F2.000
N100 G01 X16.500
N102 G00 X37.043 Z4.738
N104 M09
N106 M30
%
```

1. 检验内容分析

本任务零件质量检验包括：外圆直径及外圆弧的检测；端面和总长的检测；内外螺纹的配合与螺纹中径的检测。

2. 测量工具

0～150 mm 带表卡尺、5～30 mm 内径千分尺、25～50 mm 内径千分尺，*R* 弧规，外螺纹中径千分尺。

3. 零件质量检验表

零件尺寸检查内容如表 9.3.4 所示。

表 9.3.4　零件尺寸检查内容

序号	配分	自检要素				检测 允许=±0.03		备　注		
		直径/长度/*Ra*	基本尺寸	上偏差	下偏差	直径/长度/*Ra*	实测值	测量工具	工件名称	评分标准
1	4	ϕ	30	+0.1	−0.1	ϕ		0～150 mm 带表卡尺、	9.3.1(a)	超差 0.01 扣 1 分
2	5	ϕ	6	+0.1	−0.10	ϕ		0～150 mm 带表卡尺	9.3.1 (a)	超差 0.01 扣 1 分
3	9	M20×3						止规、通规	9.3.1(a)	
4	5	*L*	5	+0.1	−0.1			0～150 mm 带表卡尺	9.3.1(a)	超差 0.01 扣 1 分
5	4	*L*	22	+0.1	−0.1	ϕ		0～150 mm 带表卡尺	9.3.1(a)	超差 0.01 扣 1 分
6	6	外圆粗糙度	*Ra*3.2	*Ra*3.2					9.3.1(a)	超差 0.01 扣 1 分

（续表）

序号	配分	自检要素				检测 允许＝±0.03		备　注		
		直径/长度/Ra	基本尺寸	上偏差	下偏差	直径/长度/Ra	实测值	测量工具	工件名称	评分标准
7	6	ϕ	26	＋0.1	－0.1			0～150 mm 带表卡尺	9.3.1(b)	超差 0.01 扣 1 分
8	4	ϕ	8	＋0.1	－0.1			0～150 mm 带表卡尺	9.3.1(b)	超差 0.01 扣 1 分
9	4	ϕ	4	＋0.1	－0.1			0～150 mm 带表卡尺	9.3.1(b)	超差 0.01 扣 1 分
10	5	L	74.8	＋0.1	－0.1			0～150 mm 带表卡尺	9.3.1(b)	超差 0.01 扣 1 分
11	5	L	70	＋0.1	－0.1	L		0～150 mm 带表卡尺	9.3.1(b)	超差 0.01 扣 1 分
12	5	L	50	＋0.1	－0.1			0～150 mm 带表卡尺	9.3.1(b)	超差 0.01 扣 1 分
13	6	R	25					R 规	9.3.1(b)	
14	4	R	14			L		R 规	9.3.1(b)	
15	4	R	3					R 规	9.3.1(b)	
16	8	M20×3						止规、通规	9.3.1(b)	
17	16	操作规范有创意								
安全文明生产		①安全正确操作设备 ②工作场地整洁，工件、量具、夹具等器具摆放整齐规范 ③做好事故防范措施，填写交接班记录，并将出现的事故发生原因、过程及处理结果记入运行档案 ④做好环境保护 每违反一项从总分扣除 2 分，发生重大事故者取消成绩并赔偿相应的损失。扣分不超过 10 分								
总计分数		100			总得分数					

4. 任务评价

任务评价如表 9.3.5 所示。

表 9.3.5　任务评价

序号	任务目标	相关内容	相关要求	学生自评	教师评价	实训效果
1	掌握数控车的绘图输出功能	幅面及绘图输出	能传输到数控车床控制系统和打印绘制的图形等文件			
2	掌握工程标注	工程标注	能标注零件图形各位置的尺寸			
3	掌握数控软件与数控车床多功能配合应用	数控加工工序卡及程序的编制	能绘制各种加工需要的图形并自动产生加工程序			
4	自动程序产生的熟练度	实训计时	从精度和准确度评价			

1. 图形编辑

（1）概述。对当前图形进行编辑修改，是交互式绘图软件不可缺少的基本功能。它对提高绘图速度及质量都具有至关重要的作用。CAXA 数控车具有功能齐全、操作灵活方便的编辑修改功能。

数控车的编辑修改功能包括曲线编辑和图形编辑两个方面，并分别安排在主菜单及绘制工具栏中。曲线编辑主要讲述有关曲线的常用编辑命令及操作方法，图形编辑则介绍对图形编辑实施的各种操作。

作为在 Windows 平台上使用的绘图软件，为了适应各方面的绘图需要，CAXA 数控车支持对象的链接与嵌入（OLE）技术，可以在数控车生成的文件中插入图片、图表、文本、电子表格等 OLE 对象，也可以插入声音、动画、电影剪辑等多媒体信息，除此以外，还可以将用数控车绘制的图形插入到其他支持 OLE 的软件（如 Word）中。

（2）图素编辑。打开“修改”下拉菜单或打开“编辑”工具栏，根据作图需要用鼠标单击相应按钮可以弹出立即菜单和操作提示，如图 9.3.4 所示。

编辑工具

图 9.3.4　图素编辑工具

关于编辑内容的裁剪、过渡、齐边、打断、拉伸、平移、复制选择到、旋转、镜像、比例缩放、阵列、局部放大等功能的具体操作应用，不作详细说明。

(3) 右击操作功能中的图形编辑。CAXA 数控车提供了面向对象的右击直接操作功能，即可直接对图形元素进行属性查询、属性修改、平移（复制）、旋转、镜像、部分存储、输出 DWG/DXF 等等。曲线编辑，对拾取的曲线进行删除、平移（复制）、旋转、镜像、阵列、比例放大等操作。用鼠标左键拾取绘图区的一个或多个图形元素，被拾取的图形元素用亮红色显示，随后右击，弹出一个如图 9.3.5 所示的“右键快捷菜单”，在工具栏中可单击相应的按钮，操作方法与结果和前面介绍的一样。这个设计是为了使用户能方便、快捷地进行操作。属性修改，使用户能方便、快捷地对实体进行属性修改。在系统“选择命令”状态下，用鼠标左键拾取绘图区的一个或多个图形元素，被拾取的图形元素用亮红色显示。随后右击，弹出一个右键操作工具，在工具中选择“属性修改”选项，弹出如图 9.3.6 所示的“属性查看”工具栏（选择“工具”菜单中的“属性查看”命令，则界面左侧也出现属性查看栏）。在工具栏中可分别对层、线型、颜色以及几何信息进行属性修改。

2. 工程标注

CAXA 绘图系统，依据《机械制图国家标准》提供了对工程图进行尺寸标注、文字标注和工程符号标注的一整套方法，它是绘制工程图的十分重要的手段和组成部分，下面详细介绍 CAXA 绘图系统中标注的内容和使用方法。

(1) 单击“标注”主菜单，则出现有关的菜单项，如图 9.3.7 所示。

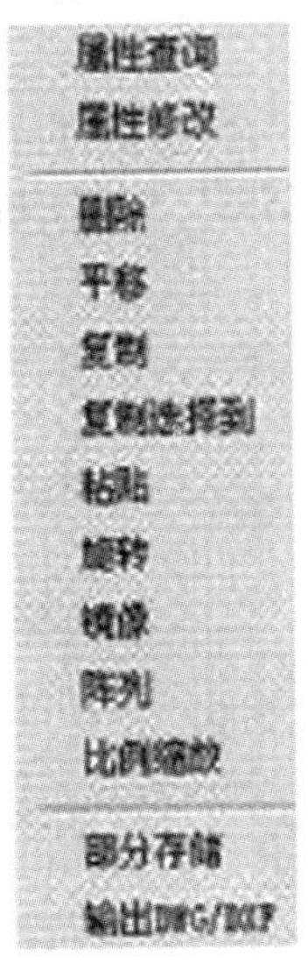

图 9.3.5　右键快捷菜单

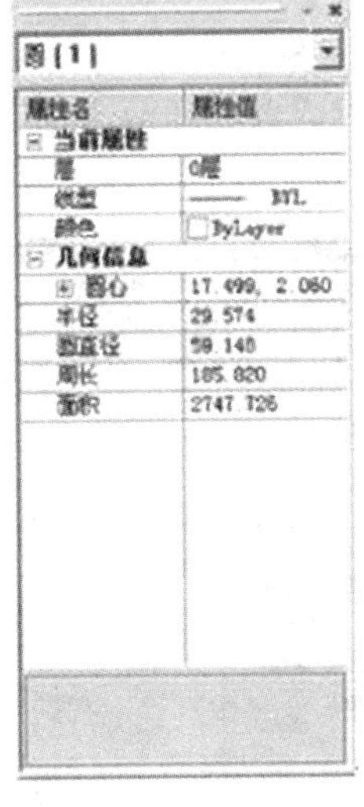

图 9.3.6　属性查看

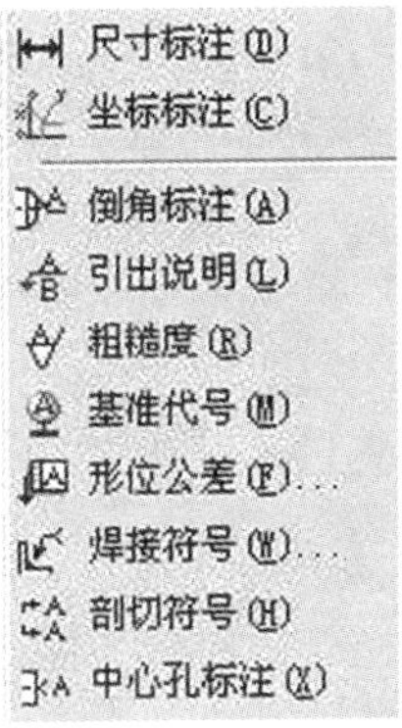

尺寸标注(D)
坐标标注(C)
倒角标注(A)
引出说明(L)
粗糙度(R)
基准代号(M)
形位公差(F)...
焊接符号(W)...
剖切符号(H)
中心孔标注(X)

图 9.3.7　标注子菜单

（2）尺寸标注分类。CAXA数控车可以随拾取的实体（图形元素）不同，自动按实体的类型进行尺寸标注，在工程绘图中，常用类型有：尺寸标注（水平尺寸、竖直尺寸、平行尺寸、基准尺寸、连续尺寸）；直径尺寸标注（圆直径的尺寸标注，尺寸值前缀应为 ϕ、可用%C输入，尺寸线通过圆心，尺寸线两个终端皆带箭头并指向圆弧。根据标准规定，直径尺寸也可标注在非圆的视图中，此时它应按线性尺寸标注，只是在尺寸数值前应带前缀 ϕ)；半径尺寸标注（圆弧半径的尺寸标注，尺寸值前缀为R，尺寸线方向从圆心出发或指向圆心，尺寸线指向圆弧的一端带箭头）；角度尺寸标注（标注两直线之间的夹角，通过拖动确定角度是小于180°还是大于180°。其尺寸界线汇交于角度顶点，其尺寸线为以角度顶点为圆心的圆弧，其两端带箭头，角度尺寸数值单位为度）；角度连续标注（选择标注：角度连续标注，再根据需要选择是顺时针还是逆时针标注。系统默认为逆时针）。

（3）标注风格。为尺寸标注设置各项参数，单击主菜单"格式（S)"中菜单项"标注风格（D)"，弹出如图9.3.8所示的"标注风格"对话框，图中显示的为系统缺省设置，可以重新设定和编辑标注风格。

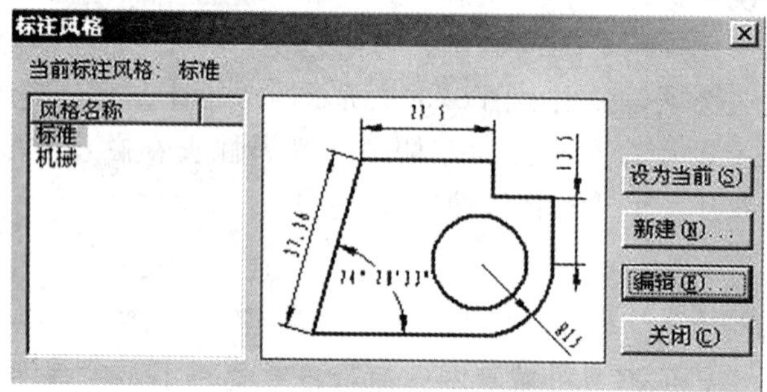

图9.3.8　标注风格对话框

"设为当前"：将所选的标注风格设置为当前使用风格。

"新建"：建立新的标注风格。

"编辑"：对原有的标注风格进行属性编辑。

当单击"新建"或"编辑"按钮，可以进入如图9.3.9所示的"风格设置"对话框。可以根据该对话框所提供的"直线和箭头""文本""调整""单位和精度相关"等选项对标注风格进行修改，

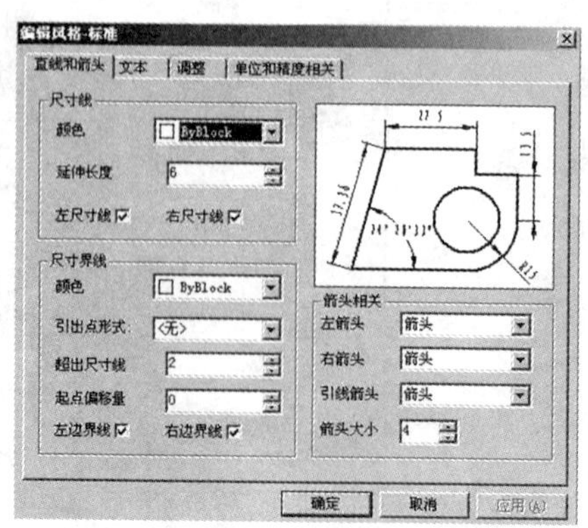

图9.3.9　风格设置对话框

“直线和箭头”：可以对尺寸线、尺寸界线及箭头进行颜色和风格的设置。

尺寸线：控制尺寸线的各个参数。

颜色：设置尺寸线的颜色，缺省值为 ByBlock。

延伸长度：当尺寸线在尺寸界线外侧时，尺寸界线外侧距尺寸线的长度即为界外长度。缺省值为 6 mm。

尺寸线：分为左尺寸界线和右尺寸线，设置左右尺寸线的开关，缺省值为开。

尺寸界线：控制尺寸界线的参数。

引出点形式：为尺寸界线设置引出点形式，可选为“圆点”，缺省值为“无”。

超出尺寸线：尺寸界线向尺寸线终端外延伸距离即为延伸长度。缺省值为 2.0 mm。

起点偏移量：尺寸界线距离所标注元素的长度。缺省值为 0 mm。

边界线：分为左边界线和右边界线，设置左右边界线的开关，缺省值为“开”。

箭头相关：可以设置尺寸箭头的大小与样式。缺省样式为“箭头”，软件还提供了“斜线”“圆点”的样式选择。标注时，箭头可根据需要选择归内还是归外。

“文本”：设置文本风格与尺寸线的参数关系。

文本外观：设置尺寸文本的文字风格。

文本风格：与软件的文本风格相关联，文本颜色：设置文字的字体颜色，缺省值为 ByBlock。

文字字高：控制尺寸文字的高度，缺省值为 3.5。

绘制文字边框：为标注字体加边框。

文本位置：控制文字相对于尺寸线的位置。单击右边的下拉箭头可以出现几种文本位置“尺寸线上方”“尺寸线中间”“尺寸线下方”。

距尺寸线：控制文字距离尺寸线位置，软件默认为 0.625 mm。

文本对齐方式：主要设置文字的对齐方式。

“调整”：设置文字与箭头的关系使尺寸线的效果最佳。

标注总比例：按输入的比例值放大或缩小标注的文字和箭头。

“单位和精度相关”：设置标注的精度与显示单位。标注分数时，在分子标注时可选择斜线。

精度：在尺寸标注里数值的精确度，可以精确到小数点后 7 位。

小数分隔符：小数点的表示方式，分为逗点、逗号、空格 3 种。

偏差精度：尺寸偏差的精确度，可以精确到小数点后 5 位。

度量比例：标注尺寸与实际尺寸之比值。例如，比例为 2 时，直径为 5 的圆，标注直径结果为 $\phi 6$。缺省直为 1。

零压缩：尺寸标注中小数的前后消“0”。例如，尺寸值为 0.901，精度为 0.00，选中“前缀”，则标注结果为 .90；选中“后缀”，则标注结果为 0.9。

角度标注：单位制：角度标注的单位形式。包含“度”“度分秒”2 种形式。

精度：角度标注的精确度。可以精确到小数点后 5 位。

(4) 新建风格。单击“新建”按钮，软件自动弹出“新建风格”对话框，如图 9.3.10 所示。

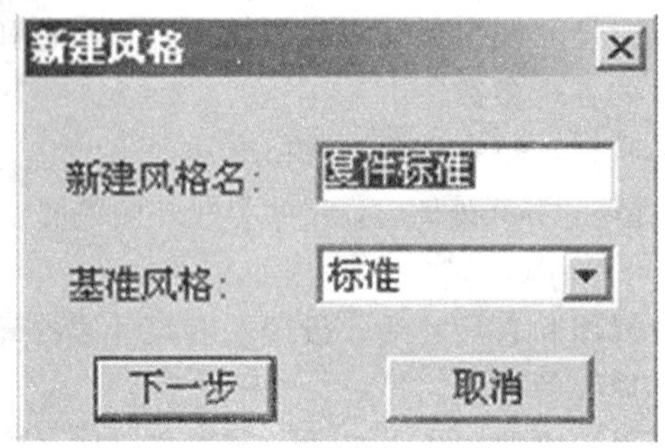

图 9.3.10 新建风格对话框

“新建风格名”：为新建标注风格起名。

“基准风格”：为新建标注风格选择类似标注基准。

单击下一步可进入标注风格的设置，可以进行具体的参数设置。相关的“尺寸标注”菜单项功能及操作、“坐标标注”菜单项、“倒角标注”菜单项、“0”标注功能、尺寸公差的标注等内容的详细操作这里不再细讲。

（5）标注修改。“标注修改”可以对所有的标注（尺寸、符号和文字）进行修改，对这些标注的修改仅通过一个菜单命令，系统将自动识别标注实体的类型而作相应的修改操作。所有的修改实际都是对已作的标注作相应的“位置编辑”和“内容编辑”，这两者是通过立即菜单来切换的，“位置编辑”是指对尺寸或工程符号等的位置的移动或角度的旋转，而“内容编辑”则是指对尺寸值、文字内容或符号内容的修改。

①单击“修改”工具栏中的“标注修改”按钮或执行命令“dimedit”。

②拾取要修改的标注对象，系统将自动识别标注对象的类型。

③通过切换立即菜单分别进行“位置编辑”和“内容编辑”。

拓展练习

现要加工如图 9.3.11 与图 9.3.12 所示综合零件配合的综合产品配合件，零件材料为铝合金，毛坯尺寸：ϕ50 mm×55 mm，单件生产。小组协作进行图样分析、制定加工方案、编制工艺卡片、编制刀具卡片、编制工量具卡片、写出自动生成加工程序的方法、进行自动程序校验、试加工。

零件质量检测方面：外圆直径及外圆锥的检测；端面和总长的检测；内外螺纹的配合与内螺纹通、止规的检测、内外圆锥的配合检测。

温馨提示

关于配合零件的加工建议不只是反思和总结，应该多练习多总结，配合组件的加工难度虽然大了些，在社会上应用很多，是我们稳定社会的重要技能，希望同学能认真对待。

全部 1.6

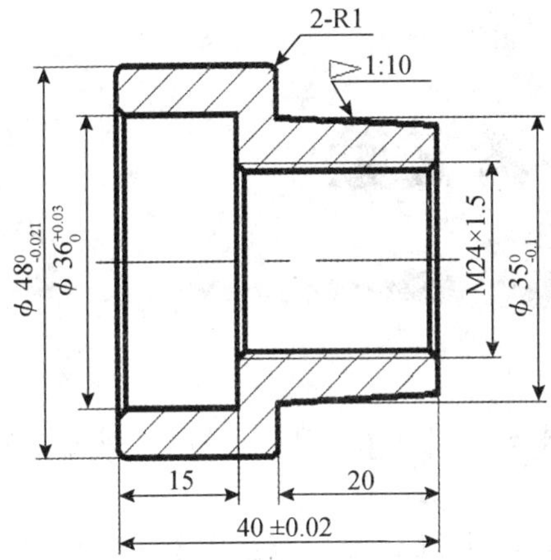

技术要求
未注倒角1×45°

图 9.3.11　件 1

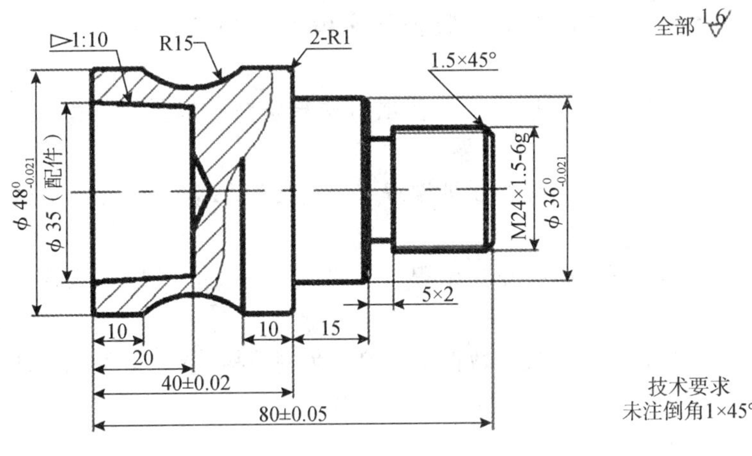

图 9.3.12　件 2

配合标准如图 9.3.13 所示。

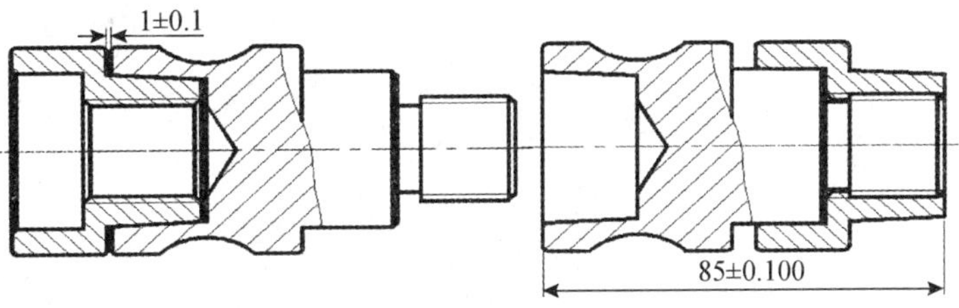

图 9.3.13　配合图样

参考文献

[1] 卢万强，饶晓创．数控加工技术基础（第2版）[M]．北京：机械工业出版社，2014.

[2] 曾益民，蓝日采．机械加工与实训 [M]．北京：电子工业出版社，2010.

[3] 陈爱华．数控车床华中系统编程与操作实训 [M]．北京：中国劳动社会保障出版社，2009.

[4] 刘莉．数控加工程序编制数控机床编程与加工 [M]．北京：科学出版社，2015.

[5] 曹永洁．典型零件数控加工工艺项目式教学法 [M]．北京：机械工业出版社，2016.

[6] 张璐青．数控编程与操作实训课程（第1版）[M]．北京：中国劳动社会保障出版社．

[7] 向成刚，侯先勤．数控车床编程与实训（第1版）[M]．北京：清华大学出版社，2009.

[8] 吕斌杰，高长银，赵汶．数控车床编程实例精粹 [M]．北京：化学工业出版社，2011.